Das bietet Ihnen die CD-ROM

Checkliste

Testen Sie, was Sie bereits für Ihre Rolle als Führungskraft wissen:

- Auswahl der Teilnehmer für ein Meeting
- Ihre kommunikativen Fähigkeiten

Fragenkataloge

Zur Vorbereitung und Durchführung von Aufgaben:

- Gespräche mit Mitarbeitern und Vorgesetzten
- Erste Teambesprechung
- Gespräch nach erstem gemeinsamen Arbeitstag

Tests und Fragebogen

Nutzen Sie die folgenden Instrumente in Ihrem neuen Arbeitsalltag:

- Kompetenzprofil
- Teamfragebogen für die Krisendiagnose

Gesetze

Lesen Sie die Gesetzestexte im Original nach, um sich abzusichern:

- Betriebsverfassungsgesetz
- Allgemeines Gleichbehandlungsgesetz (AGG)

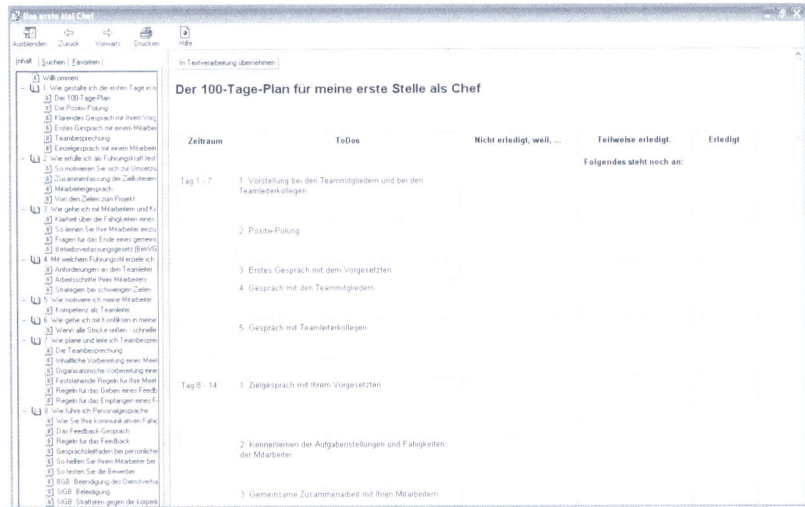

Screenshot der CD-ROM: Nutzen Sie den 100-Tage-Plan für Ihre erste Stelle als Chef.

Bibliografische Information Der Deutschen Bibliothek

Die Deutsche Bibliothek verzeichnet diese Publikation in der Deutschen Nationalbibliografie; detaillierte bibliografische Daten sind im Internet über http://dnb.ddb.de abrufbar.

ISBN 978-3-448-09261-5   Bestell-Nr. 00610-0005
1. Auflage 2000
5., aktualisierte Auflage 2008

© 2008, Rudolf Haufe Verlag, Freiburg i. Br.

Redaktionsanschrift: Postfach 13 63, 82142 Planegg/München
Hausanschrift: Fraunhoferstraße 5, 82152 Planegg/München
Telefon (089) 8 95 17-0, Telefax (089) 8 95 17-2 50
Internet: http://haufe.de, E-Mail: erste-hilfe@haufe.de
Lektorat: Jasmin Jallad

Idee & Konzeption: Dr. Matthias Nöllke, Textbüro Nöllke München
Buchgestaltung: Barbara Loy, 80689 München
Umschlaggestaltung: fuchs-design, 81671 München
Redaktion und DTP: Lektoratsbüro Cornelia Rüping, 81679 München
Druck: Schätzl Druck, 86609 Donauwörth

Ralph Frenzel

Das erste Mal Chef

Inhalt

Einführung

Liebe Leserin, lieber Leser, herzlichen Glückwunsch!

Sie halten dieses Buch in der Hand, und das bedeutet, dass Sie zum ersten Mal in Ihrem beruflichen Leben Personalverantwortung übernehmen werden oder übernommen haben. Damit begeben Sie sich auf einen Pfad, auf dem Ihnen viele neue Herausforderungen begegnen werden. Vielleicht sind Sie aber auch schon länger mit Führungsaufgaben betraut und suchen einen übersichtlichen Ratgeber, aus dem Sie neue Erkenntnisse ziehen können.

Sowohl in meinen Seminaren für Führungskräfte als auch bei meiner eigenen Führungstätigkeit hat sich gezeigt, dass ein gewisses Maß an Intuition und emotionaler Intelligenz für die Mitarbeiterführung hilfreich ist. Die Tatsache, dass gerade Sie ausgewählt wurden, die neue Führungsaufgabe zu übernehmen, lässt darauf schließen, dass zumindest Ihr neuer Vorgesetzter eine ganze Menge emotionaler Intelligenz bei Ihnen entdeckt hat. In meinen Seminaren erstaunt es mich immer wieder aufs Neue, dass beim Erlernen des Führungshandwerks die Fähigkeit der Teilnehmer wächst, zwischenmenschliche Zusammenhänge intuitiv zu erfassen. Für mich ergibt sich daraus die Erkenntnis, dass auch Intuition erlernbar ist.

Sie sind für die neue Führungsrolle ausgewählt worden. Dies geschieht normalerweise wegen Ihrer fachlichen Qualifikation. Sie sind einer der Besten. Ihr fundiertes Know-how macht Sie als Führungskraft interessant. Zudem haben Sie durch Ihr Verhalten gegenüber Kollegen und Vorgesetzten bewiesen, dass Sie das Zeug zum Teamleiter haben. Wie wird sich in der nächsten Zeit Ihr Aufgabenschwerpunkt verschieben? Ich benutze in diesem Fall gern das Bild eines Hubschraubers. Stellen Sie sich vor, Sie steigen hinein und schweben hoch in die Lüfte. Wie wird sich Ihr Blickfeld verändern? Was werden Sie wahrnehmen? Was wird mehr und mehr in den Hintergrund treten?

Ähnlich wird es in Ihrer neuen Tätigkeit sein: Die Details werden sich allmählich Ihrer Aufmerksamkeit entziehen, während Sie „von oben" immer mehr größere Zusammenhänge erblicken. Ihre Mitarbeiter sehen jedoch weiterhin die Details und haben täglich mit ihnen zu tun. Ihre Aufgabe wird es sein, in der Zusammenarbeit mit Ihren Mitarbeitern eine größtmögliche Synergie zwischen Ihrem Überblick und den Details zu erlangen, um gemeinsam mit Ihren Mitarbeitern eine hervorragende Teamleistung zustande zu bringen. Dies schaffen Sie jedoch nur, wenn es Ihnen gelingt, sich das Know-how, die Kreativität und die Kooperation Ihrer Mitarbeiter zu verdienen.

Dieses Buch ist aus der Erkenntnis heraus entstanden, dass gerade in der Anfangsphase einer neuen Tätigkeit das Engagement so groß ist, dass nicht viel Zeit zum Lesen bleibt. Daher habe ich das Buch in neun Kapitel unterteilt, die Sie auch unabhängig voneinander lesen und durcharbeiten können. Probieren Sie die vorgeschlagenen Gesprächsstrukturen aus und nutzen Sie aktiv die angebotenen Checklisten, die Sie auch als Worksheets auf der beiliegenden CD-ROM finden. Die Gesprächsstrukturen in den Beispielen sind so offengehalten, dass Sie sie auf Ihre eigenen Bedürfnisse zuschneiden können. Nur das, was Sie tatsächlich ausprobiert haben, werden Sie mittelfristig in Ihr Verhaltensrepertoire übernehmen.

Am Ende des Buches sowie auf der beiliegenden CD-ROM finden Sie einen 100-Tage-Plan, mit dem Sie Ihre Anfangszeit strukturiert planen können. Bei juristischen Fragen helfen Ihnen die Gesetzestexte, die ebenfalls auf der CD-ROM einzusehen sind, darunter zum Beispiel das Betriebsverfassungsgesetz, der 14. Abschnitt des Strafgesetzbuches: Beleidigung oder der § 240 Nötigung.

Für die Bewältigung Ihrer neuen Aufgaben wünsche ich Ihnen viel Erfolg!

PS: Der Einfachheit halber benutze ich im Folgenden die männlichen Formen „Teamleiter", „Vorgesetzter" oder „Mitarbeiter". Dieses Buch wendet sich selbstverständlich an alle Führungskräfte, männliche wie weibliche.

Wie gestalte ich die ersten Tage in meiner neuen Position?

„Du hast keine zweite Chance, den ersten Eindruck zu machen." Daher sind vor allem die ersten Tage in der neuen Position entscheidend für den späteren Erfolg im Unternehmen.

Natürlich können anfängliche kleine Ungereimtheiten während der Zusammenarbeit mit den Mitarbeitern noch ausgeräumt werden. Doch es wird Ihnen sehr viel leichter fallen, mit Ihren neuen Kollegen klarzukommen, wenn Sie einige einfache Regeln einhalten.

Der erste Eindruck zählt

Wir fällen relativ schnell Vorurteile über unsere Mitmenschen, ohne dass wir uns dagegen wehren können. Das geschieht natürlich auch im Geschäftsleben. Nach einer groben Einteilung gibt es insgesamt drei Schubladen, in die wir hineingesteckt werden können, wenn wir das erste Mal auf neue Mitmenschen treffen.

Die erste Schublade ist die positive, in der wir am liebsten alle landen würden. Stecken Ihre Mitarbeiter Sie in diese, so wird die neue Zusammenarbeit wahrscheinlich reibungslos und unkompliziert beginnen. Daher sollte es Ihr Ziel sein, bei Ihren Mitarbeitern gleich zu Anfang einen positiven Eindruck zu hinterlassen.

Die zweite Schublade bedeutet, dass Ihnen gegenüber eher eine neutrale, abwartende Haltung eingenommen wird. Wenn Sie hier landen, stehen Ihnen noch sämtliche Chancen offen, die Bewertung durch Ihre Mitarbeiter in eine positive Richtung zu beeinflussen. Dieser Fall ist der häufigste. Da das Urteil erst später gefällt wird, können Sie durch Ihre Persönlichkeit und Ihr fachliches Know-how eine fruchtbare Zusammenarbeit erreichen.

Wählen Ihre neuen Mitarbeiter die dritte Schublade, so fällen sie ein eher negatives Vorurteil. Natürlich wird sich dieses Buch hauptsächlich damit beschäftigen, wie Sie diese Einordnung vermeiden können. Doch auch bei diesem ersten Eindruck ist noch nicht alles verloren, denn Sie können Ihre neuen Mitarbeiter durch Ihre Fähigkeiten dazu bringen, dieses Vorurteil zu revidieren.

Was können Sie also vor Antritt Ihrer neuen Position tun, damit Ihre Mitarbeiter Sie als möglichst sympathisch einschätzen? Dazu sollten Sie sich klarmachen, dass Sympathie beziehungsweise Antipathie keine Einbahnstraßen sind. Wenn Sie jemanden sympathisch finden, wird dies normalerweise auf Gegenseitigkeit beruhen, und genauso verhält es sich mit der Antipathie. Ihr Ziel ist es, von anderen als sympathisch angesehen zu werden. Es gibt nur einen Weg, wie Sie dies erreichen können: und zwar über Ihre eigenen Gedanken und Gefühle gegenüber Ihren Mitmenschen.

Wenn Sie es schaffen, Ihre Kollegen als positiv und angenehm anzunehmen, wird sich dies mit großer Wahrscheinlichkeit auf diese auswirken. Nun aber zur Praxis: Wie ist es möglich, positive Gefühle für einen vielleicht eher unsympathischen Menschen zu empfinden?

Um diese Frage zu klären, unternehmen wir einen kleinen Ausflug in den Bereich der menschlichen Wahrnehmung. Wir Menschen schließen schnell von einer Kleinigkeit, von einem Detail an einer Person auf den gesamten Menschen. Was wir an einem Menschen wahrnehmen, das wird von unserer unbewussten Wahrnehmung gesteuert. Sie vergleicht ständig neue Eindrücke mit bereits erlebten und gibt dann relativ zügig eine Wertung ab.

 EIN UNSYMPATHISCHER KUNDE

Ich hatte mal einen Kunden, der mir zunächst äußerst unsympathisch erschien. Im Lauf der ersten Tage und Wochen nach unserem Kennenlernen veränderte sich mein Eindruck, und ich fand ihn immer netter, weil wir viele Gemeinsamkeiten hatten. Doch warum war mir dieser Kunde am Anfang so unsympathisch? Er trug eine Lesebrille und schaute von unten über die Brillengläser – vielleicht kennen Sie diesen speziellen Blick. Nach längerem Nachdenken fand ich heraus, dass mich dieses Verhalten an einen unsympathischen Lehrer aus meiner Schulzeit erinnerte. Mein Unbewusstes erkannte den Blick über den Brillenrand wieder und erzeugte in mir das Gefühl: „Achtung! Hier musst du verdammt vorsichtig sein!" Bei einem potenziellen Kunden reißt man sich natürlich zusammen und findet einen Weg, um vernünftig zusammenzuarbeiten.

Und wie können Sie dieses Wissen für sich nutzen? Indem Sie Ihre Aufmerksamkeit ganz bewusst steuern und auf diese Weise positive Gefühle gegenüber Ihren Mitarbeitern erzeugen. Normalerweise wirkt nicht jeder einzelne Aspekt einer Person unsympathisch, sondern es sind lediglich einzelne Merkmale oder Verhaltensweisen. Konzentrieren Sie sich bei Ihrer Wahrnehmung also auf die sympathischen Eigenschaften eines Menschen.

DIE POSITIV-POLUNG

Durch eine sogenannte Positiv-Polung, die Sie an sich selbst vornehmen, können Sie dies umsetzen: Bevor Sie mit einem Mitarbeiter zusammentreffen, um beispielsweise etwas zu besprechen, fragen Sie sich selbst: „Was finde ich an Herrn A. sympathisch?"

Warten Sie dann auf eine Antwort aus Ihrem Inneren. Erhalten Sie keine, erweitern Sie die Frage: „Was könnte ich an Herrn A. sympathisch finden?"

Falls Sie auch jetzt noch keine Antwort bekommen, stellen Sie sich selbst die Frage: „Angenommen, Herr A. wäre mir sympathisch, woran würde ich das erkennen können?"

Diese drei Fragen richten den Fokus Ihrer Aufmerksamkeit auf die positiven Aspekte Ihrer Mitarbeiter. Dadurch entsteht ein positives Gefühl zu Ihrem Mitmenschen, das sich in der unbewussten Steuerung Ihrer Mimik, Gestik und Sprache auswirkt und Ihrem Mitarbeiter signalisiert: „Hey, das ist ein sympathischer Typ!" Dies wird selbst dann passieren, wenn Sie keine bewusste Antwort auf Ihre Fragen erhalten haben. Daher empfehle ich Ihnen, immer, wenn Sie mit anderen zusammenkommen und etwas gemeinsam erreichen wollen, eine solche Positiv-Polung durchzuführen.

Dies gilt in jedem Fall, ob Sie in Ihrem Unternehmen aufsteigen oder in eine andere Firma wechseln. Die hierbei möglichen Varianten werden nun näher erläutert. Lesen Sie aber trotz der Unterteilung alle drei folgenden Textabschnitte. Sicher finden Sie für Ihren Einstieg viele interessante Anregungen, auch wenn sich die Ausführungen auf unterschiedliche Voraussetzungen beziehen.

Ich werde Chef meiner bisherigen Abteilung

Sie sind innerhalb Ihrer Firma aufgestiegen und jetzt Leiter Ihrer bisherigen Abteilung. Das bedeutet: Sie kennen das Team, Ihre Mitarbeiter sowie deren Funktionen, Stärken und Schwächen. Und Sie kennen Ihre Abteilung sehr gut. Einerseits funktioniert alles recht reibungslos, andererseits müsste man einiges ändern.

Nicht jeder wird vor Überraschung aus allen Wolken fallen, dass ausgerechnet Sie die neue Aufgabe übernehmen. In der Regel findet zunächst eine interne Stellenausschreibung statt, und Sie haben vielleicht Ihren Kollegen erzählt, dass Sie sich bewerben. Darüber hinaus haben Sie eventuell in Gesprächen erfahren, wer außer Ihnen noch an der Führungsposition interessiert war. Möglicherweise kann Ihr Vorgänger Sie noch einarbeiten oder Sie haben ihn zuvor vertreten und bereits einige Erfahrungen im Umgang mit Ihrem Team gemacht. Der Übergang kann jedoch auch abrupt und unvorbereitet eintreten, wenn Ihr Vorgänger zum Beispiel gekündigt hat und dann sofort beurlaubt wurde.

Wie gestalte ich die ersten Tage in meiner neuen Position?

Da Sie die fachlichen Aufgaben innerhalb Ihrer Abteilung kennen, können Sie sich ganz auf Ihre zukünftige Führungsrolle konzentrieren. Sie haben ja bereits in dieser Abteilung gearbeitet, kennen die Stärken und Schwächen Ihres Teams und können sich schon die ersten Gedanken darüber machen, was Sie ändern werden. Ihren Mitarbeitern gegenüber sollten Sie, was mögliche Veränderungen angeht, in der ersten Zeit eher Zurückhaltung walten lassen, da noch nicht abzusehen ist, welche Ihrer Vorhaben sich auch tatsächlich umsetzen lassen. Dieser Aspekt ist für Ihre langfristige Glaubwürdigkeit im Team besonders wichtig.

Wie führe ich die ersten Gespräche mit meinem neuen Vorgesetzten?

Sobald Sie Ihre neue Position eingenommen haben, sollten Sie mit Ihrem direkten Vorgesetzten ein Gespräch führen, in dem Sie festlegen, was Sie mit Ihrem Team zukünftig leisten sollen. Manches wird vielleicht schon im Bewerbungsgespräch zur Sprache gekommen sein. Ist dies nicht geschehen, vereinbaren Sie in den ersten Tagen einen Termin mit Ihrem Vorgesetzten, um dessen Erwartungen Ihnen gegenüber kennenzulernen. Stellen Sie in dem Gespräch die folgenden Fragen:

- Was läuft aus Ihrer Sicht in meinem Team gut?

- Was sollte aus Ihrer Sicht an der Leistung des Teams verbessert werden?

- Welche Anforderungen werden in der nahen Zukunft an mein Team gestellt?

- Welche Kompetenzen geben Sie mir bei der Führung des Teams?

- Welche Entscheidungen fachlicher Art soll ich allein treffen?

- Welche Stärken sehen Sie bei den einzelnen Mitarbeitern des Teams?

- Wo sehen Sie bei den Mitarbeitern Entwicklungsmöglichkeiten?

Sorgen Sie dafür, dass Sie mit Ihrem Vorgesetzten in einer ungestörten Atmosphäre und ohne Zeitdruck sprechen können. Planen Sie eine kurze Smalltalkphase ein, sprechen Sie danach über Ihre ersten Eindrücke von der neuen Tätigkeit. Erzeugen Sie eine positive und zuversichtliche Stimmung. Dann gehen Sie nacheinander die Fragen durch.

Auf diese Weise zeigen Sie, dass Sie sich gut vorbereitet haben und Ihre neue Aufgabe auf systematische Art und Weise angehen. Machen Sie Notizen, denn Sie werden viele Informationen bekommen. Hinterfragen Sie ungenau formulierte Aussagen Ihres Vorgesetzten wie zum Beispiel: „Ich erwarte schnellere Bearbeitungszeiten." Nach dem Treffen fertigen Sie ein kurzes Ergebnisprotokoll an und lassen es Ihrem Vorgesetzten zukommen.

Da Sie ja in Ihrer Abteilung gearbeitet haben, können Sie vielleicht schon jetzt abwägen, ob bestimmte Erwartungen, die Ihr Vorgesetzter an Sie und Ihr Team hat, realistisch sind. Bedenken sollten Sie nur dann anmelden, wenn Ihnen Vorgaben besonders überzogen erscheinen. Falls es sich um Punkte handelt, bei denen Sie denken: „Das ist ein ganz schön schwieriges Ziel", sollten Sie dies als Herausforderung betrachten und sich darüber freuen, dass Ihr Vorgesetzter Ihnen die Aufgabe zutraut.

Wie führe ich die ersten Gespräche mit meinen Mitarbeitern?

Nachdem Sie erfahren haben, was Ihr Vorgesetzter im Einzelnen von Ihnen verlangt, sollten Sie auch mit Ihren Mitarbeitern Gespräche führen, um gegenseitige Erwartungen abzuklären. Kündigen Sie an, worum es gehen wird, und klären Sie die gegenseitigen Erwartungen ab:

- Was genau ist Ihre Aufgabenstellung im Unternehmen?

- Was sollen Sie für Ihren Aufgabenbereich erreichen?

- Was macht Sie zufrieden bei Ihrer Arbeit?

- Was macht Ihnen Spaß bei der Arbeit?

- Was könnte aus Ihrer Sicht besser laufen?

- Was kann ich tun, damit Sie Ihre Aufgabe in Zukunft noch besser erledigen können?

- Mit welchen Kollegen klappt die Zusammenarbeit gut und warum?

- Welche beruflichen Perspektiven sehen Sie für sich?

- Was erwarten Sie von mir als Chef?

- Wie stellen Sie sich unsere Zusammenarbeit vor?

- Welche Fragen haben Sie an mich?

Versetzen Sie sich in die Lage Ihres Mitarbeiters, der zu dem Gespräch eingeladen ist. Wahrscheinlich wird er gespannt sein, was auf ihn zukommt. Schaffen Sie eine angenehme Atmosphäre und beginnen Sie das Gespräch, indem Sie ganz locker einen Smalltalk über positive Ereignisse halten. Bringen Sie dabei eventuell sogar Aspekte aus dem privaten Umfeld Ihres Mitarbeiters zur Sprache.

Klären Sie dann noch einmal das Ziel des Gesprächs: Es geht darum, dass Sie und Ihr Mitarbeiter sich mit Ihren Stärken und Besonderheiten kennenlernen, damit für die Zukunft eine fruchtbare Zusammenarbeit gewährleistet ist. Machen Sie aus dem Gespräch kein Interview, sondern sorgen Sie dafür, dass ein gleichberechtigter Meinungsaustausch stattfinden kann. Bei Diskrepanzen zwischen Ihren eigenen Vorstellungen und denen Ihrer Mitarbeiter bezüglich Zusammenarbeit und Erwartungen können Sie entscheiden, ob Sie diese sofort besprechen wollen. Doch oft ist es sinnvoller, unterschiedliche Probleme zunächst zu sammeln, bis Sie mit allen Mitarbeitern gesprochen haben.

Wenn nötig, können Sie dann einzelne Punkte bei einem Meeting mit der gesamten Abteilung klären. Auf jeden Fall sollten Sie in diesem ersten Gespräch jede Art von Auseinandersetzung vermeiden. Geht Ihnen eine Forderung eines Mitarbeiters zu weit, so können Sie die Diskussion darüber mit einem kleinen taktischen Manöver auf später verschieben.

SO BEGEGNEN SIE ZU HOHEN ERWARTUNGEN EINES MITARBEITERS

Antworten Sie: „Das ist ein interessanter Punkt, an den ich noch nicht gedacht habe. Darüber werde ich nochmals mit den anderen Teammitgliedern sprechen."

Oder: „Das ist ein Aspekt, an den ich noch nicht gedacht habe. Lassen Sie mir ein paar Tage Zeit, um darüber nachzudenken. Wir werden bei unserem nächsten Gespräch darüber reden."

Bisher habe ich meine Mitarbeiter geduzt, wie soll ich es jetzt als Teamleiter handhaben?

Ganz klar, Sie bleiben beim gewohnten Umgang miteinander. Bei neuen Mitarbeitern beginnen Sie im Bewerbungsgespräch mit dem Sie, die weitere Anrede machen Sie von der Firmenkultur abhängig. Die kann sehr unterschiedlich sein. In „jungen" Unternehmen wird eher geduzt, ebenso in Teams, die etwas Neues aufbauen.

Seien Sie sich beim Anbieten des Dus bewusst, dass der andere keine Möglichkeit hat, dies abzulehnen, ohne eine für beide Seiten sehr peinliche Situation zu provozieren. Falls Ihr Gefühl sagt, den möchte ich jetzt lieber doch siezen, verlassen Sie sich darauf. Im Vordergrund steht ohnehin der offene, freundliche und faire Umgang miteinander, und der ist mit beiden Formen der Anrede möglich.

Muss ich einen Einstand geben?

Heutzutage trifft man in Unternehmen immer seltener auf Verständnis für Feiern. Wie Ihr Einstand aussehen könnte, hängt daher im Wesentlichen von der Unternehmenskultur und den Gewohnheiten in Ihrer Abteilung ab. Um zu entscheiden, wie Sie Ihren Einstand feiern wollen, müssen Sie sich fragen, welche Ziele Sie damit erreichen möchten, zum Beispiel:

- Sie wollen die Erwartungen Ihrer Mitarbeiter erfüllen.

- Sie wollen mal hinter die Kulissen des Arbeitsalltags schauen.

- Sie wollen sich bei einer solchen Zusammenkunft besonders den Mitarbeitern widmen, um einen ersten Beitrag zu einer harmonischen Zusammenarbeit zu leisten.

Der Einstand sollte möglichst innerhalb der ersten zwei Wochen stattfinden, nachdem Sie Ihre neue Stelle angetreten haben. Vergessen Sie nicht, rechtzeitig Einladungen auszusprechen oder diese per Memo oder per E-Mail zu verschicken. Vermitteln Sie Ihren Mitarbeitern, dass Sie sich auf die Zusammenarbeit mit ihnen freuen und die Gelegenheit für ungezwungene Gespräche nutzen wollen. Denken Sie daran, alle Mitarbeiter etwa zeitgleich zu benachrichtigen, da sonst schnell die Gerüchteküche brodelt, weil der eine bereits eine Einladung erhalten hat und ein anderer noch nicht.

Welchen Rahmen wähle ich für den Einstand?

Sie sollten maximal eine Stunde für Ihren Einstand einplanen. Legen Sie die Feier in eine Zeit, in der in Ihrer Abteilung eher weniger zu tun ist. Der Freitagnachmittag hat sich bewährt, da die Feier beliebig verlängert werden kann, ohne dass Arbeitszeit „verbraucht" wird, und jeder für sich entscheiden kann, wie lange er bleiben möchte. Sie selbst sollten sich relativ viel Zeit nehmen, damit Sie nicht derjenige sind, der sagt: „Jetzt ist Schluss."

Welche Getränke und Speisen plane ich für den Einstand ein?

In einigen Firmen gilt ein absolutes Alkoholverbot am Arbeitsplatz. Daran sollten Sie sich halten, es sei denn, es gibt für diese Art von Veranstaltung eine Ausnahmeregelung. Selbst wenn Sie Alkohol anbieten wollen, sollten Sie sich Ihrer Verantwortung bewusst sein und eher maßvoll bleiben. In den meisten Fällen werden ein bis zwei Gläschen Sekt, eventuell mit Saft gemischt, angeboten. Durch eine einfallsreiche Wahl der Getränke erreichen Sie allemal mehr als durch die Menge an Alkohol. Ist eine andere Art des Einstands üblich, so passen Sie sich an.

Auch bei dem Thema Essen müssen Sie Ihr Ziel im Auge behalten. Zwar geht es darum, die Erwartungen Ihrer Mitarbeiter zu erfüllen, jedoch brauchen Sie nicht zu übertreiben. Mit Kreativität und neuen Ideen erreichen Sie mehr als durch hohen finanziellen Einsatz. Sie können zum Beispiel Knabberkram von Salzcrackern über Salzstangen bis zu Kartoffelchips reichen – doch das ist eher einfallslos.

Darüber hinaus sollten Sie Ihre Wahl von der Einstellung Ihrer Mitarbeiter zum Essen abhängig machen. Wenn Sie es mit gesundheitsbewussten Menschen zu tun haben, bieten Sie vielleicht geschnittenes Gemüse wie Möhren, Paprika oder Kohlrabi mit ein paar pfiffigen Dips an. Ansonsten eignet sich alles, was im Stehen mit den Fingern gegessen werden kann. Fragen Sie doch in Ihrem Bekanntenkreis, ob Sie jemand mit einer witzigen Idee unterstützen kann.

Kann ich den Ablauf einer Einstandsfeier planen?

In der Regel sind nicht alle Mitarbeiter pünktlich, weil der eine oder andere noch seine geschäftlichen Angelegenheiten abschließen muss, und das hat natürlich Vorrang. Sind dann alle anwesend und haben ein Getränk, kann es losgehen. Sie sollten, bevor angestoßen wird, ein paar Worte an Ihr neues Team richten.

BEGRÜSSUNG BEI EINER EINSTANDSFEIER

„Liebe Kolleginnen und Kollegen, wir haben die ersten 14 Tage unserer Zusammenarbeit erfolgreich hinter uns gebracht. Ich möchte unser heutiges Treffen dazu nutzen, dass wir uns außerhalb des Tagesgeschäfts ein wenig näher kennenlernen. Ich freue mich auf interessante Gespräche mit Ihnen und wünsche uns eine erfolgreiche Zusammenarbeit. Zum Wohl!"

Eine amüsante Bemerkung, die alle zum Lachen bringt, füllt die möglicherweise etwas peinliche Lücke, die nach solch „offiziellen" Worten häufig entsteht.

Ich steige zum Chef einer anderen Abteilung im Unternehmen auf

Daneben gibt es die Möglichkeit, innerhalb der eigenen Firma Chef einer anderen Abteilung zu werden. Dies kann bedeuten, dass Sie schon indirekten Kontakt zu Ihren neuen Mitarbeitern hatten. Ihre Aufgabe besteht nun darin, Ihr Team genau kennenzulernen und sich gleichzeitig in Ihre fachlichen Aufgaben einzuarbeiten.

Wie nehme ich zum ersten Mal Kontakt mit dem Team auf?

Vorab ein Hinweis. Es kann sein, dass Sie schon den einen oder anderen informellen Kontakt zu Ihren zukünftigen Mitarbeitern hatten. Doch in der Phase nach dem Bekanntwerden Ihrer Bewerbung bis zum Antritt Ihrer neuen Stelle sollten Sie diese Beziehungen ruhen lassen. Falls einer Ihrer neuen Mitarbeiter Ihnen vorab schon gratuliert und versucht, irgendwelche Informationen von Ihnen zu bekommen, sollten Sie die Glückwünsche entgegennehmen, dann aber freundlich und bestimmt sagen, dass Sie sich zu Ihren Plänen noch nicht äußern wollen.

Die erste offizielle Kontaktaufnahme zu Ihrem Team erfolgt normalerweise über den nächsthöheren Vorgesetzten, der Sie vorstellt. Ist dies nicht der Fall, ergreifen Sie die Initiative und sorgen dafür, dass Sie in Ihr neues Team eingeführt werden. Dazu wird meist ein kleines Meeting anberaumt, in dem Ihr Vorgesetzter einige „offizielle" Worte spricht, Sie bekannt macht und Ihnen die einzelnen Teammitglieder vorstellt.

Das erste Treffen dient allein dem Kennenlernen der Personen, mit denen Sie es in Zukunft zu tun haben werden. Zeigen Sie Ihren neuen Mitarbeitern, dass Sie sich auf die Zusammenarbeit freuen, weil Sie davon überzeugt sind, dass sie gut funktionieren wird. Ihre Aufgabe bei diesem Meeting ist es, eine lockere, entspannte, positive Atmosphäre zu erzeugen. Dies können

Sie steuern, indem Sie eine Struktur für den Ablauf des ersten Meetings festlegen. Dabei hat es sich bewährt, den Mitarbeitern folgenden Fragenkatalog vorzulegen:

- Wie verlief – in Stichpunkten – Ihr beruflicher Werdegang?

- Welche Funktion üben Sie im Unternehmen aus?

- Über welche privaten Dinge würden Sie gern etwas erzählen?

- Was machen Sie in Ihrer Freizeit?

- Was ist Ihr Lieblingsgericht?

- Wie heißt Ihr Lieblingslied/-interpret/-film?

- Was ist Ihr Lieblingsduft?

- Wo liegen Ihre Stärken? Sie dürfen auch gern mehrere nennen!

Diese Art der Vorstellung ist natürlich ungewohnt, trotzdem sollten Sie sie einmal ausprobieren. Dazu noch eine Anregung: Schreiben Sie die Fragen auf ein Blatt Papier und reichen Sie es einfach weiter. Oder Sie arbeiten mit einem Flipchart oder einem Overheadprojektor.

Nachdem Sie die Struktur vorgestellt haben, fangen Sie mit Ihrer eigenen Person an. Machen Sie es auf lockere Art! Ein wenig Selbstironie und kreative Antworten mit Augenzwinkern sind nicht nur erlaubt, sondern erwünscht. Üben Sie vorher mit Ihrem Partner! Je unterhaltsamer Ihre Vorstellung abläuft, desto länger dürfen Sie über sich selbst reden und umso besser und kreativer werden sich Ihre Mitarbeiter darstellen.

Wenn Sie fertig sind, fragen Sie, wer sich als Nächster vorstellen möchte. Ist Ihr direkter Vorgesetzter noch anwesend, so bitten Sie ihn darum. Hat er seine Ausführungen beendet, ist der nächste Mitarbeiter dran. Es gibt immer einen, der in solch einer Runde Witzigkeit und Kreativität beweisen möchte. Falls sich wider Erwarten alle Anwesenden zögerlich verhalten, bestimmen Sie jemanden. Lassen Sie gerade bei der Vorstellung der ersten Mitarbeiter nicht zu, dass jemand eine Frage von Ihrer Liste auslässt. Haken Sie dann nach. Dies gilt insbesondere für die letzte Frage nach den persönlichen Stärken, deren sich die Mitarbeiter häufig nicht bewusst sind. So bewirken Sie, dass sich Ihre neuen Kollegen positive Gedanken über sich selbst machen. Damit sorgen Sie für gute Laune. Sparen Sie auch nicht mit aufmunternden und positiven Kommentaren, wenn Ihnen bei den Antworten etwas auffällt.

Seien Sie aufmerksam, während sich die einzelnen Teammitglieder vorstellen, und achten Sie darauf, was in der Gruppe los ist, wie die einzelnen Teammitglieder untereinander agieren, welche Kommentare sie übereinander abgeben. Fragen Sie sich immer, was das Positive an diesen Bemerkungen war. Wenn alle sich vorgestellt haben, geben Sie einen kleinen Ausblick, was als Nächstes geplant ist:

- Sie wollen Einzelgespräche mit jedem Ihrer Mitarbeiter führen, um die gemeinsamen Ziele abzustimmen.

- Sie wollen mit jedem Mitarbeiter einen Tag lang zusammenarbeiten, um deren Arbeitsplätze kennenzulernen.

 SCHLUSSWORT NACH EINEM MEETING

Fassen Sie am Ende die positiven Aspekte des Meetings zusammen: „Meine Damen und Herren, nachdem wir uns vorgestellt haben, glaube ich, dass wir ein gutes Team abgeben werden. Vor allem hat mich beeindruckt, wie groß das fachliche Know-how ist, das das Team insgesamt zu bieten hat. Auch freut mich, dass jeder sich seiner Stärken bewusst ist. Ich bin schon gespannt auf unsere Zusammenarbeit."

Wie führe ich die ersten Einzelgespräche mit meinen Mitarbeitern?

Wie Sie ja im ersten Meeting angekündigt haben, wollen Sie sich mit jedem Mitarbeiter einzeln treffen, um zunächst einmal die fachlichen Stärken und die Erwartungen an die Zusammenarbeit abzuklären. Bei einem solchen Gespräch hat sich der folgende Fragenkatalog als sinnvoll bewährt:

- Wie genau sieht Ihre Aufgabenstellung im Unternehmen aus?

- Wie gehen Sie vor?

- Welche Hilfsmittel nutzen Sie für Ihre Arbeit?

- Mit wem arbeiten Sie innerhalb des Unternehmens zusammen?

- Wer im Unternehmen verwendet die von Ihnen erarbeiteten Ergebnisse/ Produkte/Informationen?

- Von wem erhalten Sie Infos?

- Wie strukturieren Sie Ihren Tagesablauf?

- Von welchen anderen Ereignissen beziehungsweise Informationen innerhalb des Unternehmens sind Sie abhängig?

- Welche Entscheidungskompetenzen haben Sie?

- Wie lauten Ihre Kriterien, bevor Sie eine Entscheidung treffen?

- Was klappt aus Ihrer Sicht gut?

- Welche Verbesserungen wünschen Sie sich?

- Welche Verbesserungen können Sie selbst bewirken?

Durch diese Fragen ermöglichen Sie es sich selbst, dass Sie einen genauen Überblick über das Tätigkeitsfeld Ihrer Mitarbeiter bekommen. Vielleicht entwickeln Sie auch schon erste Ideen, was der eine oder andere besser machen könnte. Ein Worksheet hierzu finden Sie auf der CD-ROM.

Ich übernehme eine Führungsposition in einer neuen Firma

Der dritte Weg, eine Führungsposition zu erlangen, führt über die Bewerbung bei einem fremden Unternehmen. Hier kommt eine doppelte Herausforderung auf Sie zu: Sie müssen sich fachlich und organisatorisch an eine neue Situation gewöhnen und gleichzeitig die für Sie neue Leitungsfunktion ausfüllen.

Auf den ersten Blick haben Sie es am schwersten, denn Sie müssen sich in Ihrer neuen Rolle als Teamleiter in einer neuen Umgebung zurechtfinden. Gleichzeitig bekommen Sie es mit einer fremden Unternehmenskultur zu tun und benötigen eventuell auch noch eine fachliche Einarbeitungszeit. Allerdings tragen Sie weniger „Altlasten" mit sich herum, die kurz- oder mittelfristig für Stress und Ärger sorgen könnten.

Mitarbeiterführung unter dem Aspekt des Allgemeinen Gleichbehandlungsgesetzes

Im Sommer 2006 hat der Deutsche Bundestag auf Antrag der Bundesregierung das Allgemeine Gleichbehandlungsgesetz (AGG, umgangssprachlich „Antidiskriminierungsgesetz") verabschiedet und zum 18.08.2006 in Kraft gesetzt. Dieses Kapitel setzt sich damit auseinander, inwieweit das AGG Ihre Aufgabe als Führungskraft beeinflussen sollte.

Ziel des Gesetzes ist es, ungerechtfertigte Diskriminierungen aus Gründen der Rasse, der ethnischen Herkunft, des Geschlechts, der Religion, der Weltanschauung, einer Behinderung, des Alters oder der sexuellen Identität zu verhindern beziehungsweise zu beseitigen. Das Gesetz bezieht sich auf zwei Lebensbereiche: einerseits den Lebensbereich der privatrechtlichen Vertragsgestaltungen, andererseits auf arbeitsrechtliche Aspekte, die in diesem Kapitel näher beleuchtet werden.

Um welche personenbezogenen Merkmale geht es beim AGG?

Schon im Grundgesetz (GG, Artikel 3) ist der Gleichbehandlungsgrundsatz verankert. Dieser regelt aber nur das Verhältnis vom Staat zu den Bürgern. Im AGG wird erstmals das Verhältnis im Privatrechtsverkehr geregelt. Das Gesetz bezieht sich auf folgende personenbezogene Merkmale:

- Rasse und ethnische Herkunft

- Geschlecht

- Religion und Weltanschauung

- Behinderung

- Alter

- Sexuelle Identität

Nicht geregelt ist hingegen die Benachteiligung kinderreicher Personen oder von Rauchern/Nichtrauchern.

Inwiefern bin ich als Führungskraft betroffen?

Für Ihre Führungsaufgabe sind folgende sachliche Anwendungsbereiche aus dem Gesetz von Interesse und werden im Arbeitsalltag von Bedeutung sein:

- Die Bedingungen für den Zugang zu Erwerbstätigkeit und beruflichem Aufstieg einschließlich Auswahlkriterien und Einstellungsbedingungen

- Beschäftigungs- und Arbeitsbedingungen einschließlich Arbeitsentgelt und Entlassungsbedingungen

- Zugang zu Berufsberatung, Berufsbildung, Berufsausbildung, beruflicher Weiterbildung sowie Umschulung und praktischer Berufserfahrung

- Belästigung: Verletzung der Würde der Person, vor allem durch Schaffung eines von Einschüchterungen, Anfeindungen, Erniedrigungen, Entwürdigungen oder Beleidigungen gekennzeichneten Umfelds

- Sexuelle Belästigung

- Die Anweisung zu einer dieser Verhaltensweisen

Die Ungleichbehandlung ist nicht in jedem Fall ausgeschlossen. Eine unterschiedliche Behandlung, zum Beispiel wegen des Geschlechts, ist dann zulässig, wenn das Geschlecht wegen der Art der auszuübenden Tätigkeit oder der Bedingungen ihrer Ausübung eine unverzichtbare Voraussetzung für die Tätigkeit ist, zum Beispiel die Einstellung einer Schauspielerin (Diskriminierung hinsichtlich des Geschlechts) für eine weibliche Hauptrolle. Für einen Einwand dieser Art trägt der Arbeitgeber im Prozess die Darlegungs- und Beweislast (§ 22 AGG). Er wird also den Prozess verlieren, wenn er die Gründe sachlich nicht ausreichend belegen kann oder der Beweis misslingt.

SCHALTEN SIE IM ZWEIFELSFALL VORAB EINEN JURISTEN EIN

Wenn Sie eine Ungleichbehandlung bei Ihren Mitarbeitern anwenden wollen, sollten Sie diese anhand sachlich nachvollziehbarer Gründe darstellen können. Im Fall eines Prozesses werden Sie sowieso die Beweislast haben. Im Zweifel sollten Sie schon vorab einen Juristen Ihres Vertrauens einschalten.

Altersbedingte Ungleichbehandlungen können ebenfalls zulässig sein, wenn sie objektiv und angemessen durch ein entsprechendes Ziel gerechtfertigt sind (§ 10 AGG). Hierzu zählt insbesondere das Festlegen von Altersgrenzen für bestimmte Berufsgruppen beziehungsweise Hierarchiestufen. Bei Zweifeln sollten Sie hier zunächst einen Blick ins Gesetz werfen und/oder einen Juristen zurate ziehen.

Welche Konsequenzen ergeben sich denn nun für Sie aus dem Diskriminierungsgesetz? Wenn Sie mein Buch gelesen haben und die geschilderten Grundsätze umsetzen, gar keine. Wie Sie erkennen können, ist das von mir geschilderte Führungsverhalten geprägt von Gerechtigkeit, Nachvollziehbarkeit, Konsequenz und Offenheit. Wenn Sie die hier geschilderten Grundsätze umsetzen, werden Sie mit großer Wahrscheinlichkeit nicht in Konflikt mit dem AGG kommen.

Was muss ich beim Ausschreiben von Stellen beachten?

Während Sie mit den in diesem Buch geschilderten Vorgehensweisen den gleichberechtigten und vorurteilsfreien Umgang mit Ihren Mitarbeitern meistern werden, möchte ich an dieser Stelle auf den Fall eingehen, der eintritt, wenn Sie sich mit Ihrem Anspruch in die Öffentlichkeit begeben. Ich meine hier die Suche nach neuen und qualifizierten Mitarbeitern über Stellenausschreibungen.

Sie sollten auf jeden Fall damit rechnen, dass selbst kleinste Hinweise in einer Stellenausschreibung auf Diskriminierung von einigen Übereifrigen eventuell dazu genutzt werden, Ihre Firma mit Ansprüchen zu überhäufen. Selbst wenn diese relativ zügig sogar im Vorfeld einer gerichtlichen Auseinandersetzung abgewendet werden können, bedeutet dies, dass Briefe geschrieben, Rechtsanwälte eingeschaltet und Meetings abgehalten werden müssen. Es entstehen Kosten und Aufwände für das Unternehmen, die Sie durch eine gut geplante und durchdachte Stellenausschreibung vermeiden können.

Wie oben beschrieben, lässt das Gesetz in bestimmten Fällen eine Ungleichbehandlung zu. Überlegen Sie beim Formulieren der Stellenanzeige daher ganz allgemein: „Was sind die objektiv messbaren Kriterien, die ich als Anforderung an meinen neuen Mitarbeiter habe?" Beispiel: Sie suchen für die Kundenberatung von jungen Erwachsenen einen Berater bis maximal 24 Jahre (dies wäre eine Diskriminierung hinsichtlich des Alters).

 EINE MÖGLICHE FORMULIERUNG

Um einem eventuellen Vorwurf zu entgehen, formulieren Sie dieses Kriterium eher so: „Sie sind Berater unserer jungen Kunden, insbesondere von Lehrlingen und Berufseinsteigern. Sie sind in der Lage, durch Ihr Äußeres und durch Ihr sprachliches Verhalten ein besonderes Vertrauensverhältnis gerade zu diesen Kunden aufzubauen."

Hier kann es sicherlich passieren, dass sich Menschen bewerben, die schon 30 Jahre alt sind. Doch dies werden Sie auch nicht mit der Altersangabe „maximal 24 Jahre alt" verhindern können. Denn in jedem Bewerbungsratgeber steht: „Wenn Sie einem Kriterium nicht ganz entsprechen und ansonsten geeignet erscheinen, bewerben Sie sich und begründen Sie, warum Sie trotzdem die/der Richtige sind." Auf der anderen Seite haben Sie möglicherweise tatsächlich die Chance, dass sich ein 30-jähriger Bewerber findet, der sich jugendlich gibt und auch so aussieht und darüber hinaus durch seine Berufserfahrung ein Gewinn für Sie sein kann.

Auf die beschriebene Weise können Sie auch mit anderen diskriminierenden Kriterien umgehen: Sie suchen keinen Deutschen, sondern jemanden, der auf Geschäftsführerebene in geschliffenem Deutsch technisch hochwertige Produkte präsentieren kann. Sie suchen keinen Mann, sondern einen Mitarbeiter, der in der Lage ist, körperlich anstrengende Tätigkeiten auszuüben. Ihre Schreiben, mit denen Sie Bewerbern absagen und die Sie den Unterlagen beilegen, wenn Sie diese zurückschicken, sollten Sie ebenfalls hinsichtlich der Formulierungen nochmals durchsehen, bevor Sie sie versenden.

Fazit

Nach zwei Jahren „Antidiskriminierungsgesetz" lässt sich sagen, dass die von Arbeitgebern gefürchtete Prozesswelle ausgeblieben ist. Das mag einerseits daran liegen, dass viele Unternehmen sich rechtzeitig auf die neue Rechtslage eingestellt haben. Andererseits könnte es damit zu tun haben, dass Unternehmen händeringend nach motivierten, qualifizierten Mitarbeitern suchen. Und je mehr Vorauswahl sie durch diskriminierende Einschränkungen vornehmen, desto geringer sind ihre Chancen, die richtigen Personen anzusprechen.

Gehen Sie einfach vorurteilsfrei an Ihre neue Führungsaufgabe heran, unterhalten Sie sich mit Ihren Mitarbeitern über konkret messbare Ergebnisse und genießen Sie die Vielfalt der Persönlichkeiten innerhalb Ihres Teams.

Wie erfülle ich als Führungskraft festgelegte Ziele?

„Wir wissen zwar nicht, wohin wir wollen, aber wir gehen schon mal los", nach diesem Motto wird in vielen Unternehmen gearbeitet. Den ganzen Tag lang werden dringende Sachen erledigt, aber selten sind sich Führung und Mitarbeiter darüber im Klaren, welche Ziele sie damit überhaupt anstreben. Der folgende Abschnitt beschäftigt sich mit zwei Fragen. Die eine lautet: Wie können Sie für sich und Ihre Mitarbeiter herausfinden, welche Ziele verfolgt werden sollen? Die andere ist: Wie kommunizieren Sie mit Ihren Mitarbeitern über deren Zielsetzung?

WEGE ZUR ZIELFINDUNG

Auch wenn Sie in Ihrer bisherigen Position schon sehr zielorientiert gearbeitet haben, ist es immer wieder hilfreich, sich mit Zielvorgaben auseinanderzusetzen und öfter die Meinung anderer dazu einzuholen.

Wir werden erst auf Grundsätzliches hierzu eingehen und uns dann auf Besonderheiten konzentrieren, die in der ersten Zeit auftreten können.

Warum setzen wir uns Ziele?

Zielvorgaben erleichtern Ihnen die Führung. Stellen Sie sich vor, Sie würden Ihren Mitarbeitern keine großen Ziele vorgeben, sondern ihnen nur ständig sagen, was sie als Nächstes tun sollen. Wenn einer Ihrer Mitarbeiter Schwierigkeiten hätte, könnte er sich immer darauf berufen, dass Ihre Anordnung nicht eins zu eins umsetzbar war. Bei der Führung mittels Zielvorgaben nutzen Sie dagegen den Denkapparat Ihrer Mitarbeiter, indem Sie das Ziel vorgeben, Ihre Mitarbeiter den Weg dorthin aber mehr oder weniger allein finden lassen. Nur wenn Sie merken, dass ein Mitarbeiter zu weit vom Weg abkommt, ist Ihre Führung gefragt. Deshalb müssen Sie in regelmäßigen Abständen einen Austausch mit Ihrem Team pflegen, um über den Grad der Zielerfüllung informiert zu werden. Bei Abweichungen können Sie gezielte Korrekturmaßnahmen einleiten und so dafür sorgen, dass Ihr Mitarbeiter sein Ziel erreicht. Hier zeigt sich, dass im Gegensatz zu Ihrer bisherigen beruflichen Laufbahn Ihr Erfolg nicht nur davon abhängen wird, ob Sie Ihre eigenen Ziele erreichen, sondern davon, ob es Ihnen gelingt, andere zum Erfolg zu führen.

 DURCH OPTIMALE ZIELE MOTIVIEREN

> Zielvorgaben sollten sowohl Ihre Mitarbeiter als auch Sie selbst anregen, aktiv zu werden. Damit Sie Ihre Mitarbeiter motivieren können, ist es wichtig, dass Sie sich mit den Kriterien für eine optimale Zielsetzung beschäftigen.

Wie lauten die Kriterien für eine optimale Zielsetzung?

Ich formuliere die Ziele meiner Mitarbeiter positiv

Was ist mit diesem Satz gemeint? Sagen Sie Ihrem Mitarbeiter, was er erreichen soll. (Nicht, was er alles nicht tun soll!) Wenn Sie Ihre Zielsetzung positiv formulieren, wird das Gehirn Ihres Mitarbeiters automatisch ein positives Bild dessen erzeugen, was Sie erreichen wollen und was er erreichen soll. Formulieren Sie Ihre Vorgaben hingegen negativ, so denkt auch Ihr Mitarbeiter negativ, und das ist eine ausgesprochen schlechte Voraussetzung, um ein gesetztes Ziel im vorgegebenen Rahmen umzusetzen.

Machen Sie dazu ein kleines Experiment: Konzentrieren Sie sich kurz darauf, nicht an eine lila Kuh zu denken! So, jetzt haben Sie mit Sicherheit das Bild der lila Kuh vor Augen. Das zeigt Ihnen eine ganz wesentlich Eigenschaft, um die keiner herumkommt: Unser Gehirn kann nicht negieren. Wenn Sie ein Bild in einer Negation formulieren, werden Sie sofort bemerken, dass das Gehirn trotzdem das Bild produziert. Die Anweisung „nicht" geht völlig unter.

MÖGLICHE ZIELFORMULIERUNGEN

Negativ formuliert

- Wir wollen verhindern, dass uns das Neukundengeschäft zusammenbricht.

- Wir wollen vermeiden, dass Kunden wegen langer Wartezeiten verärgert sind.

Positiv formuliert

- Wir wollen bis zum 31.12. diesen Jahres 200 Neukunden mit einem Mindestumsatz von 10.000 Euro gewinnen.

- Wir wollen innerhalb des nächsten Jahres die durchschnittliche Wartezeit für Kunden am Telefon auf 30 Sekunden reduzieren.

Ich formuliere die Ziele meiner Mitarbeiter konkret

Das ist für die Verständigung über die Zielerreichung zwischen Ihnen und Ihrem Mitarbeiter wichtig. Wenn Sie das Motto herausgeben: „Wir wollen zufriedenere Kunden", woran messen Sie und Ihr Mitarbeiter die Zielerfüllung? Wann weiß Ihr Mitarbeiter, dass er dem Ziel nähergekommen ist? Es empfiehlt sich, ein Ziel an messbaren Dingen festzumachen, etwa an der Anzahl der Beschwerden oder Empfehlungsschreiben.

Orientieren Sie sich bei der Zielformulierung am besten an den folgenden drei Fragen:

- Woran können wir messen, dass wir dem Ziel näherkommen?

- Woran werden wir erkennen, dass das Ziel erreicht worden ist?

- Woran können wir messen, ob das Ziel erreicht worden ist?

MÖGLICHE ZIELFORMULIERUNGEN

Schwammig formuliert

- Wir brauchen einfach mehr Kunden.

- Wir müssen unsere Qualität verbessern.

Konkret formuliert

- Wir gewinnen bis zum 31.12. dieses Jahres 25 Neuinstallationen auf dem Betriebssystem BS2000 mit einem Mindestumsatz von 50.000 Euro.

- Wir verbessern die Qualität der Produktion so, dass wir weniger als zwei Prozent Ausschuss haben.

Ich stecke die Ziele so, dass meine Mitarbeiter und ich sie tatsächlich aus eigener Kraft erreichen können

Zielvorgaben sollen motivieren. Das schaffen Sie aber nur, wenn diese so gesteckt sind, dass sie einerseits eine Herausforderung darstellen, andererseits aber nicht so hoch sind, dass der Mitarbeiter von vornherein sagt: „Das schaffe ich sowieso nicht." Natürlich wird es immer zu regen Diskussionen kommen, wenn hochgesteckte Ziele erreicht werden sollen. Dies ist insbesondere dann der Fall, wenn die Zielerreichung mit höheren Gehaltszahlungen verbunden ist.

Wichtig ist auch, dass die Zielerfüllung von Ihnen beziehungsweise Ihren Mitarbeitern selbst initiiert werden kann. Vermeiden Sie bei der Zielformulierung die Einbeziehung von äußeren Umständen, etwa „Wenn die Konjunktur sich so entwickelt" oder „Wenn das neue Produkt verfügbar ist". Damit verhindern Sie, dass schon die Zielfestlegung die mögliche Entschuldigung enthält, warum die Vorgaben nicht erreicht werden können.

Ich formuliere die Ziele so, als wären Sie schon erreicht

Im ersten Abschnitt haben Sie bereits erfahren, dass die Zielformulierung sich unmittelbar auf das Denken und damit auch auf das Handeln Ihrer Mitarbeiter auswirkt. Sie können durch die richtige Formulierung Ihre eigenen Gedanken – und natürlich auch die Ihrer Mitarbeiter – so steuern, dass im Unterbewusstsein das Ziel bereits zur Realität wird. Kern dieser Vorgehensweise ist das sogenannte Konzept der sich selbst erfüllenden Prophezeiung.

Sie können sich, bevor Sie in die City fahren, sagen: „Ich bekomme an meinem Zielort sofort einen guten Parkplatz." Gut ist, wenn Sie sich zusätzlich auch noch ein konkretes Bild Ihres Parkplatzes vorstellen. Und Sie werden sehen, dass die Parkplatzsuche sich auf ein Minimum reduziert. Dies hört sich ziemlich verrückt an, funktioniert aber in vielen Fällen. Da in Ihrer Vorstellung das Ziel schon erreicht ist, wird Ihre unbewusste Wahrnehmung jeden kleinen Hinweis dahingehend interpretieren, dass er Sie Ihrem Ziel näher bringt. Ihre unbewusste Wahrnehmung sieht zum Beispiel den Passanten, der in seiner Hosentasche nach dem Autoschlüssel sucht, um Ihren Idealparkplatz frei zu machen.

Was im Alltag funktioniert, klappt auch bei Ihren großen beruflichen Zielen. Wenn Sie diese so formulieren, als wären sie schon erfüllt, steuern Sie automatisch Ihre unbewusste Wahrnehmung. Damit steigen Ihre Chancen, dass Sie Ihr Ziel schneller erreichen.

MÖGLICHE ZIELFORMULIERUNGEN

In der Zukunftsform

- Wir werden bis zum 31.12. unsere Produktion um 15 Prozent gesteigert haben.

- Bis zum 31.12 werden wir 200 Neukunden gewonnen haben.

In der Gegenwartsform

- Am 31.12. ist unsere Produktion um 15 Prozent gesteigert.

- Am 31.12. haben wir 200 Neukunden gewonnen.

Ich gebe meinen Zielen ein Zeitmaß

Ziele sind nichts anderes als Wünsche, die Sie mit einer Deadline versehen. Wenn Sie keinen genauen Zeitpunkt festlegen, bis wann Ihre Ziele erreicht sein sollen, werden Sie nie wissen, ob Sie sie auch tatsächlich erreicht haben. Sie werden sich darüber hinaus auch nicht mit Ihren Mitarbeitern darüber verständigen können, ob diese ihr jeweiliges Ziel erreicht haben.

Geben Sie für jedes Ziel einen konkreten Zeitpunkt an, bis wann es erreicht sein muss. Dies gilt auch für jede kleine Anordnung oder Handlungsanweisung. Die Erfahrung zeigt, dass viel Stress entsteht, wenn Zeitvorgaben nicht genau formuliert sind.

BEISPIEL PROBLEME BEI DER ZIELFORMULIERUNG

„Suchen Sie mal die Zahlen raus, ich brauche sie dringend."

Eine halbe Stunde später.

„Wo sind denn die Zahlen, die Sie für mich raussuchen sollten?"

„Damit habe ich noch nicht angefangen, ich dachte, dass es bis heute Mittag reicht."

„Ich sagte doch, ich brauche sie dringend."

„Ja, aber ich musste noch einen Kunden anrufen."

„Aber wenn ich Ihnen doch sage, dass ich sie dringend brauche."

Besser:

„Suchen Sie mal die Zahlen raus, ich brauche Sie bis 9.30 Uhr."

„Das schaffe ich nicht, ich muss noch die Firma Heinrich Müller anrufen, die warten auf unseren Lösungsvorschlag."

Jetzt folgt ein sachlicher Austausch mit Ihrem Mitarbeiter darüber, welche Aufgabe wichtiger ist beziehungsweise welche Möglichkeiten es gibt, beide Aufgaben zeitgerecht zu erledigen.

Ich formuliere Größen-, Mengen- und Zeitangaben in konkreten Zahlen

Stellen Sie sich vor, Sie formulieren für sich selbst das folgende Ziel: Ich möchte zehn Prozent mehr Umsatz machen als im letzten Jahr. Was passiert bei dieser Formulierung in Ihrem Unterbewusstsein? Sie müssen automatisch daran denken, wie hoch der Umsatz war, den Sie im letzten Jahr erzielt haben, um dann in einer Art Vergleich eine Steigerung der Summe zu planen. Ihr Unterbewusstsein orientiert sich damit viel zu stark an der Vergangenheit, und das ist gemäß dem Konzept der sich selbst erfüllenden Prophezeiung kontraproduktiv.

Rechnen Sie daher Ihr Ziel in absoluten Beträgen aus und formulieren Sie es anschließend unmittelbar: Ich mache in diesem Jahr einen Umsatz von 1,1 Millionen Euro.

MÖGLICHE ZIELFORMULIERUNGEN

In Vergleichen formuliert

- Wir wollen in einem halben Jahr 200 Kunden mehr haben.

- Wir wollen unsere Produktion innerhalb eines Jahres um acht Prozent stärker auslasten.

In absoluten Werten formuliert

- Wir gewinnen bis zum 01.08. dieses Jahres 200 Neukunden.

- Wir haben zum 31.12.2007 unsere Produktion zu 84 Prozent ausgelastet.

Ich suche nach positiven Gründen, warum ich ein Ziel erreichen will

Manchmal ist das Warum sehr viel wichtiger als das Ziel selbst. Wählen Sie einfach eines Ihrer Ziele aus und achten Sie verstärkt auf Ihre Antriebslage. Um Ihre Motivation zu stärken, machen Sie Folgendes: Nehmen Sie sich ein Blatt Papier und beantworten Sie folgende Fragen in schriftlicher Form:

- Aus welchem Grund ist die Erreichung dieses Ziels so bedeutsam für mich?

- Welche Vorteile ergeben sich, wenn ich das Ziel erreicht habe?

- Was wird mein Chef, was werden meine Kollegen zu mir sagen, wenn ich das Ziel erreicht habe?

- Wie werde ich mich fühlen, wenn ich das Ziel erreicht habe?

Wenn Sie alle Fragen beantwortet haben, überlegen Sie, wie Sie sich jetzt in Bezug auf Ihr Ziel fühlen. Sie werden motivierter sein, denn jetzt wissen Sie, wofür Ihr Ziel steht und warum Sie es erreichen wollen. Je mehr gute Gründe Sie finden, desto motivierter werden Sie sein. Das gilt auch für Ihre Mitarbeiter.

Sie kennen jetzt alle Kriterien und können die Ziele, die Sie mit Ihrem Team umsetzen wollen, in Worte fassen. Hier eine Zusammenfassung der wichtigsten Aspekte bei der Zielformulierung:

- Ich formuliere die Ziele meiner Mitarbeiter positiv.

- Ich formuliere die Ziele meiner Mitarbeiter konkret.

- Ich stecke die Ziele so, dass meine Mitarbeiter und ich sie tatsächlich aus eigener Kraft erreichen können.

- Ich formuliere die Ziele so, als wären Sie schon erreicht.

- Ich gebe meinen Zielen eine Zeitvorgabe.

- Ich formuliere sämtliche Größen-, Mengen- und Zeitangaben in absoluten Zahlen.

- Ich suche positive Gründe dafür, warum ich ein ganz bestimmtes Ziel erreichen will.

Da Sie nicht im luftleeren Raum arbeiten, sondern in eine Organisation eingebunden sind, werden Ihnen mit Sicherheit in irgendeiner Art und Weise Ziele vorgegeben. Sollte Ihr Vorgesetzter die Ziele nicht in der oben beschriebenen Weise formulieren, können Sie in einem gemeinsamen Gespräch durch geschickte Fragestellungen gemeinsam konkrete Zielvorgaben erarbeiten.

Wie bereite ich ein Zielgespräch mit meinem Vorgesetzten vor?

Verschaffen Sie sich in den ersten zwei Wochen an Ihrer neuen Stelle einen Überblick über die Situation in Ihrem Team. Daraus können Sie dann die gemeinsamen Ziele ableiten. Anschließend suchen Sie das Gespräch mit Ihrem Vorgesetzten.

BITTE UM EINEN TERMIN BEI EINEM VORGESETZTEN

„Herr H., ich möchte mit Ihnen ein Gespräch über die Ziele führen, die ich mit meinem Team erreichen soll. Einige Punkte sind ja bereits geklärt worden, mir geht es in dem Gespräch darum, die Zielsetzungen weiter zu konkretisieren und zu ergänzen. Passt es Ihnen am 13. oder ist der 15. besser?"

Natürlich ist es in Ihrer neuen Situation nicht ganz so einfach, ein Zielgespräch mit Ihrem Vorgesetzten zu führen wie vorher. Hier ein paar Hinweise und Tipps, wie Sie sich vorbereiten können und worauf Sie achten sollten: Vor einem Zielgespräch mit Ihrem Vorgesetzten ist entscheidend, dass Ihre Ziele und Zielkriterien aufeinander abgestimmt sind. Dabei werden Sie vielleicht auf die eine oder andere Informationslücke stoßen, die Sie nicht selbst füllen können.

Nun stehen Ihnen zwei Möglichkeiten offen: Entweder Sie fügen Ihre eigenen Angaben hinzu, die Sie dann im Zielgespräch mit Ihrem Vorgesetzten gegebenenfalls ausdiskutieren und im Anschluss daran gemeinsam anpassen, oder Sie notieren sich Fragen, die Ihnen dabei weiterhelfen, die aktuell bestehende Informationslücke im Gespräch mit Ihrem Vorgesetzten zu schließen.

Wie Sie vielleicht aus eigener Erfahrung wissen, ist es selten der Fall, dass Ihnen Ihr Vorgesetzter gleich zu Beginn Zielvorgaben präsentiert. In der Regel werden Sie gefragt, welche Ziele Sie sich selbst setzen wollen. Gibt es Unterschiede zwischen Ihren Zielvorstellungen und denen Ihres Vorgesetzten, kann Folgendes passieren:

- Ihr Vorgesetzter macht Ihnen klar, aus welchem Grund er die Ziele für machbar hält, und legt mit Ihnen gemeinsam die Kriterien für die Zielerfüllung fest.

- Aus dem sich anschließenden Dialog entsteht ein Kompromiss, der von beiden Seiten akzeptiert wird.

- Als derjenige, der in der schwächeren Position ist, akzeptieren Sie die Ziele Ihres Vorgesetzten, sind jedoch gleichzeitig davon überzeugt, dass Sie sie nicht erreichen werden.

Mithilfe dieser drei Schlussfolgerungen können Sie Ihr eigenes Verhalten in Zielgesprächen planen. Die dritte Variante ist für alle Beteiligten die schlechteste Lösung, und Sie sollten versuchen, sie auf jeden Fall zu vermeiden. Die zweite Variante ist demgegenüber die beste Möglichkeit, denn unter diesen Umständen wird in einem offenen und ehrlichen Dialog gemeinsam ein Ziel erarbeitet.

Sie müssen sich jedoch immer darüber im Klaren sein, dass Ziele häufig Bestandteil gesamtunternehmerischer Entscheidungen sind und somit einem gewissen Zwang unterliegen können. Deshalb findet in einem Zielgespräch meistens die erste Variante Anwendung.

 SO LEGEN SIE IHRE ZIELE FEST

Jedes der gesteckten Ziele sollten Sie für sich formulieren und schriftlich festhalten. Überlegen Sie, aus welchem Grund dieses oder jenes Ziel eine Herausforderung darstellt, die Sie mit Einsatzwillen schaffen können.

Bereiten Sie sich darauf vor, dass Sie argumentieren müssen, wenn aus Ihrer Sicht zu hohe Anforderungen an Sie oder Ihr Team gestellt werden. Entwerfen Sie einen Plan, wie Sie jedes Ihrer Ziele erreichen wollen. Dabei werden Sie feststellen, ob sie tatsächlich umsetzbar sind. Außerdem hilft Ihnen der Plan weiter, wenn es um die Voraussetzungen geht, unter denen Ihre Ziele Wirklichkeit werden können. Mit diesem Plan sind Sie schon auf dem Weg zu Ihrem Ziel! Wenn Sie dabei auf Schwierigkeiten stoßen, vergegenwärtigen Sie sich die Gründe, warum Sie das Ziel erreichen wollen.

Wie führe ich ein erstes Zielgespräch mit meinem Vorgesetzten?

Am besten beginnen Sie mit einer kleinen Aufwärmphase, in der Sie über positive Themen oder über Gemeinsamkeiten sprechen. Achten Sie darauf, dass diese Phase kurz bleibt. Anschließend folgt die Darstellung Ihres ersten Ziels.

ZIELSETZUNG DES VERTRIEBSTEAMS

„Herr M., ich habe mit meinem Team folgendes Ziel festgelegt: Bis zum 31.12. haben wir zehn Neukunden aus dem Bereich der Top-500 mit einem Mindestauftragswert von 50.000 Euro gewonnen. Ich verspreche mir davon,

- dass wir mit diesen Neukunden einen ersten Schritt auf einem neuen, lukrativen Markt machen, der uns langfristig mehr Kunden mit einem solchen Potenzial bringt,

- dass der durchschnittliche Auftragswert erhöht wird und

- dass wir durch Referenzen aus dem Top-500-Potenzial auch bei den Stammkunden mehr Umsatz machen werden."

Vorgehensweise

„Ich beabsichtige die Kundengewinnung wie folgt anzugehen:

- Jeder Vertriebsmitarbeiter bekommt bis zum ... eine Liste von Unternehmen, die er akquirieren soll.

- Wöchentlich lasse ich mir die Fortschritte berichten.

- Im April plane ich einen Workshop für interessierte Kunden, in dem wir ganz gezielt auf den Nutzen unseres Produkts vor allem für Großunternehmen eingehen werden.

- Drei meiner Vertriebsmitarbeiter schicke ich auf ein Seminar ‚Der komplexe Verkauf. Wie gewinnen Sie Großkunden?'"

Wie Sie im Beispiel sehen, ist das Ziel ganz konkret festgelegt. Es wurden kurz die Gründe angeführt, warum Sie dieses Ziel für attraktiv halten, und Sie haben darüber nachgedacht, wie Sie es erreichen wollen. Natürlich kann dies nicht das einzige Ziel des Vertriebsteams sein. Wenn Sie Ihr erstes Ziel präsentiert haben, beginnen Sie einen Dialog. Stellen Sie eine Frage, die sich auf Ihre Ziele bezieht. Sie könnte lauten:

- Welche Vorteile sehen Sie in dieser Zielsetzung?

- Wie können Sie mich bei dieser Zielsetzung unterstützen?

- Welche zusätzlichen Ideen haben Sie zu meinem Plan?
- Halten Sie das Ziel für realistisch?
- Nein? Aus welchem Grund?
- Wie könnten wir es doch schaffen?

Was mache ich, wenn mein Vorgesetzter ein Ziel erhöht?

Da Sie sich bei Ihrer Vorbereitung einen Plan gemacht haben, wie Sie Ihr Ziel erreichen wollen, haben Sie im Prinzip auch schon Argumente, warum es sinnvoll ist. Wenn Ihr Vorgesetzter aber die Ausweitung oder Erhöhung des Ziels von Ihnen verlangt, sollten Sie hinterfragen, aus welchen Gründen er die Situation anders einschätzt. Eventuell erkennen Sie, dass Sie die Lage doch zu pessimistisch betrachtet haben. Wenn nicht, können Sie mit Ihrem Vorgesetzten die Zielvorgabe möglicherweise verringern oder Sie fordern zusätzliche Ressourcen, damit Sie die neuen Ziele erreichen können.

Nachdem Sie alle Ziele besprochen haben, sollten Sie Ihrem Vorgesetzten für die offene Gesprächsführung danken. Zum Schluss schlagen Sie vor, dass Sie das Gespräch in einem kurzen Ergebnisprotokoll zusammenfassen und dieses Ihrem Vorgesetzten zukommen lassen. Zudem sollten Sie schon jetzt einen Gesprächstermin vereinbaren, an dem Sie ein Feedback über den Grad der Zielerfüllung geben. Der Zeitraum bis dahin kann unterschiedlich lang sein. Je mehr Vertrauen Sie in Ihre Fähigkeiten haben und je mehr Vertrauen Ihr Chef in Sie hat, desto großzügiger können Sie ihn bemessen.

Wie bereite ich Zielgespräche mit meinen Mitarbeitern vor?

Wenn nach dem Gespräch mit Ihrem Vorgesetzten die Zielsetzung Ihres Teams feststeht, dann sollten Sie sie mit Ihren Mitarbeitern besprechen. Auch wenn Sie jedem Ihrer Mitarbeiter eigene Ziele vorgeben, ist es hilfreich für den Führungsprozess, wenn Ihre Mitarbeiter über das Gesamtziel des Teams informiert sind. Sie können dann bei unvorhergesehenen Situationen in Bezug auf das Gesamtziel handeln, ohne Rücksprache mit Ihnen gehalten zu haben. Sie erreichen damit, dass Ihre Mitarbeiter „kleine" Entscheidungen im Sinne der Gesamtzielsetzung allein treffen können und nicht bei jedem auftauchenden Problem nach Ihrer Entscheidungskompetenz verlangen.

VISUALISIEREN SIE IHRE ZIELE

Für die Vermittlung der Teamziele sollten Sie ein Treffen mit Ihren Mitarbeitern vereinbaren. Für diese Präsentation ist es wichtig, dass Sie die Ziele visualisieren, sei es mithilfe von Flipcharts oder Overheadfolien. Setzen Sie unabhängig davon auf die aktive Mitarbeit und Kreativität Ihrer Mitarbeiter. (Zur genauen Vorbereitung und Durchführung von Meetings mehr in Kapitel „Wie plane und leite ich Teambesprechungen?".)

Es gibt Zielgespräche, die sehr formalisiert ablaufen. Das ist dann der Fall, wenn sie als Grundlage für eine spätere Beurteilung Ihrer Mitarbeiter dienen. Diese Ziele werden möglicherweise in der Personalakte festgehalten, und ihr Erreichen wird kontrolliert. Manchmal steht die Zielerfüllung auch in direktem Zusammenhang mit Gehaltszahlungen, dann nämlich, wenn diese erfolgsabhängig sind. Häufiger finden jedoch Gespräche statt, in denen Sie einem Mitarbeiter einen speziellen Auftrag geben, ohne dass dabei bestimmte Formalia eingehalten werden.

Nun könnten Sie argumentieren, dass Sie in diesem Fall ja nur sagen müssen, was zu tun ist, und dann wird es schon funktionieren. Stimmt vielleicht, doch Ihr Ziel sollte sein, dass der Mitarbeiter motiviert ist, die Aufgabe in Ihrem Sinne zu erledigen und dabei selbstständig zu handeln. Das erreichen Sie, wenn Sie auch bei einer „einfachen" Aufgabenverteilung die Gesprächsstruktur anwenden, die nachfolgend aufgezeigt wird. Von der Wichtigkeit und Komplexität der Aufgabe sowie der selbstständigen Arbeitsweise des Mitarbeiters hängt es ab, wie ausführlich das Zielgespräch sein muss.

Wie führe ich Zielgespräche mit meinen Mitarbeitern?

Wenn Sie sich mit einem Mitarbeiter zu einem Gespräch verabreden, geben Sie immer den Grund an, warum Sie sich treffen. Für einen Untergebenen ist nichts schlimmer, als zum Chef gerufen zu werden und nicht zu wissen, worum es gehen wird. Dies gilt natürlich auch für das Zielgespräch.

Vergessen Sie nicht, zunächst eine vertrauensvolle, entspannte Atmosphäre zu schaffen. Planen Sie eine kurze Smalltalkphase ein, um ein gutes Gefühl in Ihrem Gesprächspartner zu erzeugen. Sie können Privates ebenso ansprechen wie Geschäftliches. Das hängt davon ab, wie gut Sie den betreffenden Mitarbeiter bereits kennen. Da Sie ja noch am Anfang der Zusammenarbeit stehen, könnte es mitunter schwierig werden, ein geeignetes Thema zu finden. Helfen wird Ihnen dabei die Vorstellungsrunde, wie sie im Kapitel „Wie gestalte ich die ersten Tage in meiner neuen Position?" beschrieben ist.

 SO LOCKERN SIE DIE GESPRÄCHSATMOSPHÄRE AUF

Eine einfache Methode, Ihrem Gegenüber die Anspannung zu nehmen, ist eine offene Frage nach positiven Aspekten.

- Was hat Ihnen an unserer Einführungsrunde am besten gefallen?

- Welche positiven Kundenerlebnisse hatten Sie in der letzten Woche?

- Welche Herausforderungen haben Sie in der letzten Zeit aus Ihrer Sicht besonders gut gemeistert?

- Was macht Ihnen in Ihrem Job am meisten Spaß?

Sie werden bemerkt haben, dass es sich hier durchweg um offene Fragen handelt, das heißt, Ihr Gesprächspartner hat nicht die Möglichkeit, einfach mit Ja oder Nein zu antworten. Diese Art der Fragen bringt Sie Ihrem Ziel näher, ein unbelastetes Fachgespräch zu führen. Nach der Aufwärmphase sollten Sie aber zum Thema kommen und zunächst einmal die Vorstellungen Ihres Mitarbeiters über seine Ziele erfragen.

NACH DER AUFWÄRMPHASE

> „Herr V., wir haben uns verabredet, um über die Zielsetzungen zu sprechen, die Sie bekommen haben. Zu dem Thema haben Sie sich sicherlich schon einige Gedanken gemacht. Schießen Sie los: Was wollen Sie konkret erreichen?"

Ihr Mitarbeiter wird sich vielleicht nicht ganz so konkret zu seinen Zielen äußern, wie es in den Zielkriterien vorgegeben ist. Es liegt jetzt an Ihnen, ihn durch geschicktes Fragen dorthin zu führen.

ZIELGESPRÄCH MIT EINEM MITARBEITER

> Ihr Mitarbeiter sagt, was er verhindern möchte.
>
> Sie fragen: „Herr V., das klingt so, als würden Sie dem Kellner im Restaurant sagen, sie wollen keine Pasta, kein Fleisch und keinen Fisch. Ist doch irgendwie komisch, nicht wahr? Was wollen Sie denn wirklich erreichen?"
>
> Ihr Mitarbeiter formuliert seine Ziele so, dass sich die Erfüllung nicht messen lässt.
>
> Sie fragen: „Herr V., Sie wollen mehr Kundenbindung erreichen. Wenn wir uns in sechs Monaten wieder unterhalten, woran werden wir dann eindeutig feststellen können, ob Sie Ihr Ziel erreicht haben?"
>
> Ihr Mitarbeiter formuliert ein Ziel, dessen Erreichen er nicht beeinflussen kann.
>
> Sie fragen: „Und wenn das Produkt nicht rechtzeitig fertig wird? Wie erreichen Sie dann Ihre Umsatzziele?"
>
> Ihr Mitarbeiter nennt kein Zeitmaß für das Erreichen des Ziels.
>
> Sie fragen: „Bis wann wollen Sie dies erreicht haben?"
>
> Ihr Mitarbeiter setzt Vergleiche ein: „... zehn Prozent mehr als letztes Jahr."
>
> Sie fragen: „Wie viel ist das in absoluten Zahlen?"

Wenn es um die positiven Gründe geht, warum ein Ziel erreicht werden soll, können Sie Ihrem Mitarbeiter durch die Fragen, die schon bei den Zielerfüllungskriterien genannt worden sind, helfen:

- Aus welchem Grund ist die Erreichung des Ziels so wichtig für Sie?

- Welche Vorteile haben Sie, wenn Sie das Ziel erreicht haben?

- Was werde ich, was werden Ihre Kollegen zu Ihnen sagen, wenn Sie das Ziel erreicht haben?

- Wie werden Sie sich fühlen, wenn Sie das Ziel erreicht haben?

Nachdem Sie alle Zielerfüllungskriterien durchgesprochen haben, fassen Sie das Ziel zusammen und fragen Ihren Mitarbeiter, ob es das ist, was er erreichen will. Meist werden Sie in ziemlich erstaunte Augen blicken, denn Mitarbeiter formulieren ihre Ziele eher schwammig. Selbst bei Widerstand sollten Sie nicht von Ihrer Vorgehensweise abrücken. Grundsätzlich gilt: Wenn Sie das Gespräch wie oben beschrieben geführt haben, kommt die genaue und realistische Zielbeschreibung von Ihrem Mitarbeiter. Sie haben nur dafür gesorgt, dass er sich mit allen Konsequenzen für dieses Ziel einsetzen wird. Um Ihrem Mitarbeiter noch mehr Sicherheit zu geben, fassen Sie die Gründe, warum das Ziel erreicht werden soll, nochmals zusammen.

Wenn das Ziel von Ihrem Mitarbeiter akzeptiert ist, fangen Sie an, mit ihm die ersten Schritte zur Zielerreichung zu planen. Das gibt Ihrem Mitarbeiter das Gefühl, dem Ziel schon ein wenig nähergekommen zu sein. Darüber hinaus können Sie an den geplanten Schritten Ihres Mitarbeiters sehen, wie kompetent und konsequent er an der Zielumsetzung arbeiten wird. Nachdem Sie mit Ihrem Mitarbeiter alle Ziele in der beschriebenen Weise durchgesprochen haben, halten Sie sie in einem kurzen Protokoll fest. Vereinbaren Sie ein Feedback-Gespräch, in dem Sie sich mit dem betreffenden Mitarbeiter über den Zielerfüllungsgrad unterhalten werden.

 TREFFEN SIE SICH BALD ZU EINEM FEEDBACK-GESPRÄCH

Da Sie Ihre neuen Mitarbeiter ja noch nicht lange kennen, sollte das Feedback-Gespräch relativ früh erfolgen. Je nachdem, welche Ziele verfolgt werden, sollten Sie höchstens ein bis zwei Monate damit warten. Es ist ausgesprochen unangenehm, wenn Sie sich nach einem halben Jahr treffen und dann in einem gemeinsamen Gespräch feststellen, dass noch nichts passiert ist.

Benutzen Sie die folgende Liste mit Fragen, um sicherzugehen, dass Sie auch tatsächlich an alles gedacht haben, wenn Sie an die Umsetzung Ihrer Ziele gehen.

Vorbereitung

1. Welche Ziele sollen erreicht werden?

- Sind die Ziele klar?

- Sind die Ziele realistisch?

- Mit welchem Aufwand sollen sie erreicht werden?

- Bis wann?

- Gibt es Puffer oder Alternativen?

2. Worauf ist bei der Planung zu achten?

- Welchen Stellenwert haben die Ziele?

- Steht genug Personal zur Verfügung?

- Sind die Termine realistisch?

- Reichen die finanziellen Mittel aus?

- Welchen Nutzen sollen die Ziele für wen haben?

- Gibt es auch einen indirekten Nutzen?

- Gibt es Spielraum für Änderungen, sind zum Beispiel genügend zeitliche Puffer eingeplant?

- Sind die richtigen Pläne erstellt worden?

3. Wer ist an der Planung beteiligt?

- Welche Vorstellungen hat die Organisation?

- Wer ist von der Planung betroffen?

- Wer muss über was wie informiert werden?

- Mit welcher verantwortlichen Stelle müssen Sie sich abstimmen?

- Ist die Planung mit dem Vorgesetzten abgesprochen?

4. Wer soll an der Zielerfüllung teilnehmen?

- Wer soll mitarbeiten? Welche fachlichen Kompetenzen sind wichtig? Auf welche zusätzlichen Fähigkeiten kommt es an?

- Haben die Mitarbeiter Erfahrung in Teamarbeit? Sind sie bereit, sich in ein Team einzugliedern und sich darin weiterzuentwickeln?

- Gibt es Kollisionen mit anderen Stellen oder Abteilungen?

- Passt die Teamgröße?

- Gewinnt jeder Vorteile oder welche anderen Motive gibt es für die einzelnen Mitarbeiter?

5. Wie sollte das Team zusammengesetzt sein?

- Ist für die Aufgabe ein harmonisches Team nötig, das schnell und unabhängig agieren kann?

- Sind kreative oder unkonventionelle Lösungen erwünscht, die eher ein kontroverses Team erarbeiten kann?

- Können die Beteiligten Rollen übernehmen?

- Ist eventuell destruktives Konfliktpotenzial in der Gruppe vorhanden?

6. Wer leitet das Team?

- Steht der Teamleiter hinter den Zielen?

- Welche Erfahrungen hat der Teamleiter in der Teamführung?

- Hat der Teamleiter ausreichend Kompetenzen übertragen bekommen?

- Hat er genug Zeit zur Verfügung, um seine Aufgaben wahrzunehmen?

- Ist sichergestellt, dass es keine Kollisionen mit anderen Stellen gibt? Sind die Kompetenzen klar definiert?

Durchführung

1. Wie wird die Teamarbeit gesteuert?

- Wann werden erste Teilergebnisse benötigt?

- Wer muss über die nächsten Termine/Ergebnisse informiert werden?

- Mit welchen Methoden und Maßstäben werden Teilziele überprüft?

- Wer muss in welchen Abständen über den Verlauf informiert werden?

- Wo können Sie sich Unterstützung holen?

2. Wie werden alle am Team beteiligten Personen informiert?

- Wer muss worüber informiert werden?

- Sind die Beteiligten und Vorgesetzten informiert?

- Wird nur relevante Information gesammelt und weitergegeben?

- Werden Berichte immer gleich weitergeleitet?

- Erhalten die richtigen Leute die richtigen Informationen?

- Ist die Dokumentation verständlich und sinnvoll?

3. Wie funktioniert die Teamarbeit?

- Wie organisiert das Team die Arbeit (Besprechungen, Information etc.)?

- Sind Schulungen notwendig?

- Ist das Team motiviert?

- Herrscht Konsens über Ziele, Vorgaben, Normen und Rollen?

- Ist sich das Team einig, dass alle in einem Boot sitzen und an einem Strang ziehen müssen?

- Übernehmen die Mitglieder wechselseitig Verantwortung?

- Muss das Team weiterentwickelt werden? Wenn ja, welche Maßnahmen sind zu ergreifen?

Kontrolle

1. Wie werden die Teamziele überwacht?

- Welche Methoden zum Beispiel der Terminplanung sind zu wählen?

- Werden die Pläne dem aktuellen Stand angepasst?

- Ist noch Spielraum für Änderungen vorhanden?

2. Werden die Vorgaben eingehalten?

- Halten wir die Kosten ein? Wenn nicht, woran liegt es?

- Halten wir die Termine ein? Wenn nicht, welche Termine sind dann realistisch?

- Halten wir die Qualitätsanforderungen ein?

- Produzieren wir mit zu hoher Qualität?

- Entsprechen die Zwischenergebnisse den Forderungen des Auftraggebers?

3. Was muss geändert werden?

- Wo gibt es Herausforderungen?

- Wie können wir sie lösen?

- Stimmen unsere Zahlen?

- Muss die Größe oder Zusammensetzung des Teams geändert werden?

- Können wir die Zielvorgaben ändern?

- Ist unser Änderungsplan jetzt realistisch?

- Wer muss wann über Änderungen informiert werden?

- Mit wem sind Korrekturen vorher abzustimmen?

- Wer ist in das Änderungsmanagement einzubeziehen?

- Kann das Projektziel noch erreicht werden?

- Lohnt sich das Projekt noch?

4. Wurden die gesteckten Ziele erreicht?

- Wenn nicht, woran lag es?

- Wo gab es Schwierigkeiten?

- Was lernen wir daraus?

- Wer muss über die Ergebnisse informiert werden?

(Diese Liste wurde dem Taschenguide „Projektmanagement" von Hans-D. Litke und Ilonka Kunow entnommen.)

Wie gehe ich mit Mitarbeitern und Kollegen richtig um?

Sie sind in Ihrem Unternehmen als Teamleiter eingesetzt worden, weil man von Ihren Leistungen überzeugt ist. Sie sind derjenige, dem man zutraut, die gesetzten Ziele gemeinsam mit Ihrem Team zu erfüllen oder sogar überzuerfüllen. Ihren Mitarbeitern sollen Sie, was Leistungswillen und Leistungsorientierung angeht, ein Vorbild sein.

Wie gestalte ich den Umgang mit meinen neuen Mitarbeitern?

■ Setzen Sie sich Ziele, besprechen Sie diese mit Ihren Mitarbeitern und arbeiten Sie konsequent an deren Umsetzung.

■ Kündigen Sie Veränderungen oder Zusagen nur dann an, wenn es sehr wahrscheinlich ist, dass Sie diese auch umsetzen beziehungsweise einhalten können.

■ Seien Sie bereit, kalkulierbare Risiken einzugehen und auch den einen oder anderen Fehler zu machen. Es ist wichtiger, etwas zu tun und dabei mal etwas falsch zu machen, als gar nichts zu unternehmen und dabei fehlerfrei zu bleiben. Es heißt nicht umsonst „Wo gehobelt wird, fallen Späne".

■ Wenn Sie einen Fehler gemacht haben, dann gestehen Sie ihn auch ohne Umschweife ein!

Finden Sie keine Ausreden oder Entschuldigungen! Vielmehr ist eine sachliche Analyse angebracht. Jeder Versuch, die Ursachen von Fehlern zu ergründen, ist vergangenheitsbezogen und oftmals mit Schuldzuweisungen verbunden. Analysieren Sie eine schwierige Situation, indem Sie sich und Ihren Mitarbeitern folgende Fragen stellen:

- Wie können wir die Situation doch noch meistern?

- Welche Lösungsmöglichkeiten stehen uns noch zu Verfügung?

- Wie können wir den Schaden begrenzen?

- Und ganz wichtig für den kontinuierlichen Lern- und Verbesserungsprozess ist die Frage: Was können wir in Zukunft anders machen, damit diese Situation erst gar nicht entsteht?

Seien Sie konsequent im Umgang mit Ihren Mitarbeitern. Geben Sie ihnen Freiheiten, bestimmte Entscheidungen im Team selbst zu treffen, und achten Sie darauf, dass diese Entscheidungen konsequent umgesetzt werden.

 BEISPIEL   **REGELUNG DER FREIEN TAGE IN EIGENREGIE**

Der Leiter der Auftragsabwicklung hat seinen Mitarbeitern die Kompetenz zugesprochen, die Urlaubsregelung und das Abfeiern von freien Tagen in Eigenregie zu organisieren. Einzige Bedingung: Die Mitarbeiter müssen dafür sorgen, dass die Aufträge innerhalb eines Tages bearbeitet werden. So entstand die Situation, dass am Freitag nach Christi Himmelfahrt sechs der acht Mitarbeiter frei hatten. Ausgerechnet an diesem Tag kamen viele Aufträge herein. Gegen 16.00 Uhr meldete sich eine Mitarbeiterin beim Teamleiter und sagte, dass es nicht zu schaffen wäre, die Aufträge bis zum Feierabend abzuarbeiten. Der Teamleiter daraufhin: „Wie kommt das?"

„Wir sind heute nur zu zweit."

„Aus welchem Grund sind denn drei Viertel der Kollegen nicht da?"

„Alle hatten irgendwas vor, und wir beide haben dann gesagt, dass sie ruhig frei nehmen könnten. Na, und jetzt schaffen wir es nicht, und ich wollte pünktlich Feierabend machen, da ich eingeladen bin."

„Frau R., Sie wissen doch, die Urlaubsregelung gilt nur unter der Voraussetzung, dass die Aufträge erledigt werden. Wir können unsere Kunden nicht warten lassen. Sie hätten zumindest zu dritt sein müssen. Es tut mir leid, die Aufträge müssen bearbeitet werden."

Die beschriebene Situation endete damit, dass die beiden Teammitglieder bis 19.30 Uhr an der Abwicklung der Aufträge arbeiteten. Der Teamleiter hatte sich erbarmt und zwei Stunden lang mitgeholfen, sonst wären sie noch später ins Wochenende gekommen.

Dieser Vorfall ereignete sich vor vier Jahren in einem Unternehmen, das ich betreue. Seitdem hat es niemals wieder Ärger oder Engpässe wegen der Urlaubs- und Vertretungsregelung in der Abteilung gegeben. Dies ist nur aus der konsequenten Haltung des Teamleiters erwachsen. Hätte er nicht konsequent gehandelt, wären die Urlaubsregelung und Vertretungen mit allen zeitlichen Nachteilen seine Aufgabe.

Seien Sie gerecht!

Man könnte bei dem genannten Beispiel natürlich fragen: „War das gerecht, die beiden Mitarbeiterinnen so lange arbeiten zu lassen?" In der konkreten Situation fühlten sich die Mitarbeiterinnen natürlich ungerecht behandelt, das führten sie aber auf den eigenen Frust zurück, weil das bevorstehende Wochenende nicht pünktlich begann.

In der folgenden Teambesprechung ist dieses Thema natürlich eingehend diskutiert worden. Danach war allen Beteiligten klar, dass eine Mindeststärke im Team vorhanden sein muss. Zudem ist deutlich geworden, dass es keinen Sinn hat, nur aus Gefälligkeit den Kollegen gegenüber Zugeständnisse zu machen, die die Leistung des Teams schwächen. Im Nachhinein wurde von allen Teammitgliedern das Verhalten des Leiters als gerecht empfunden.

Seien Sie freundlich!

Das sollte eigentlich selbstverständlich sein, es gibt aber immer wieder Führungskräfte, auch schon auf der mittleren Führungsebene, die es nicht für nötig halten, Untergebene zu grüßen. Das mag eine Lappalie sein, doch es kommt darauf an, welche Gefühle Sie bei Ihren Mitarbeitern erzeugen. Mitarbeiter, die sich menschlich schlecht behandelt fühlen, erbringen nicht unbedingt die besten Leistungen. Ein Lächeln und ein „Hallo" oder „Guten Tag" ist für Sie eine minimale Investition, die sich, was den Leistungswillen und das Verhältnis zu Ihren Mitarbeitern angeht, im wahrsten Sinne des Wortes bezahlt macht.

Seien Sie menschlich, interessieren Sie sich für Ihre Mitarbeiter!

Ein solches Verhalten muss nicht in endlosen Privatgesprächen ausarten. Es geht darum, Interesse für Ihre Mitarbeiter zu zeigen, wenn sich gerade die Chance ergibt.

 NEHMEN SIE AUCH KLEINE SIGNALE DER MITARBEITER WAHR

Stellen Sie Ihre Antennen bewusst auf Empfang und achten Sie auf die kleinen Signale, die Ihre Mitarbeiter aussenden.

„Herr C., Sie strahlen so, was ist Ihnen heute Positives widerfahren?"

„Frau N., Sie wirken heute besonders fröhlich, was haben Sie erlebt?"

„Herr B., Sie sehen so aus, als ob Ihnen eine Laus über die Leber gelaufen ist."

„Frau L., Sie wirken heute so unkonzentriert."

Fordern und Fördern

Um die Leistung Ihres Teams auf hohem Niveau zu halten, gelten für Sie als Teamleiter zwei Grundsätze: Fordern Sie Ihre Mitarbeiter und fördern Sie sie. Bei der Forderung werden drei Stufen unterschieden.

Angemessene Forderung

Sie wird dann wirksam, wenn sich die Aufgabenstellung eines Mitarbeiters seit längerer Zeit nicht verändert hat. Diese Phase ist eine Zeit lang recht erholsam für Ihren Mitarbeiter, denn er weiß, er beherrscht seine Aufgaben. Da wir Menschen „Gewohnheitstiere" sind, fühlen wir uns in einer solchen Phase wohl, wir bemerken allerdings die schleichende Langeweile oder Unterforderung nicht. Der Mitarbeiter wird wahrscheinlich nach keiner neuen Herausforderung suchen. Wer jedoch über einen langen Zeitraum keine neuen Situationen gemeistert hat, der wird sich das bald auch nicht mehr zutrauen.

Überforderung

Hier wird der Mitarbeiter den ihm gestellten Aufgaben nicht gerecht, sei es, dass er sie intellektuell nicht bewältigt oder dass er sie nicht schafft, weil er zu wenig Routine hat. Das Gefühl der ständigen Überforderung wird dazu führen, dass der Mitarbeiter immer weniger Aufgaben erfüllt. Der ständige Frust und die Anfeindungen von Kollegen und Vorgesetzten werden seine Leistung weiterhin schwächen. Diese Situation kann sogar so weit führen, dass das Arbeitsverhältnis beendet wird.

Ständige Herausforderung

Wenn sich ein Mitarbeiter durch die Bewältigung der ihm gestellten Aufgaben bewährt, sollten Sie als Teamchef dafür sorgen, dass ihm weitere Herausforderungen gestellt werden. Übergeben Sie dem Mitarbeiter neue Aufgaben oder weiter reichende Entscheidungskompetenzen. Wenn er genug Erfahrungen gesammelt hat, sodass er mit seinen Fähigkeiten auf einer neuen Stufe steht, geben Sie ihm wiederum eine neue Aufgabe. Auf diese Weise ist es dem Mitarbeiter möglich, seine Fähigkeiten Schritt für Schritt zu erweitern.

Wie stelle ich fest, welcher Forderungsstufe meine Mitarbeiter zuzuordnen sind?

Hilfreich ist schon die erste Zusammenkunft mit Ihren Mitarbeitern, wie sie in dem Kapitel „Wie gestalte ich die ersten Tage in meiner neuen Position?" beschrieben wurde. Obwohl dieses Gespräch in entspannter Atmosphäre stattgefunden hat, können Sie aus den Antworten Rückschlüsse auf die Einstellung Ihrer Mitarbeiter zum Beruf und auf die jeweilige Forderungsstufe ziehen.

Wenn Sie Klarheit über die Fähigkeiten eines Mitarbeiters gewinnen wollen, können Sie folgende zusätzliche Fragen stellen, um mehr über ihn zu erfahren:

- Wie lange haben Sie schon dieses Aufgabengebiet inne?
- Wann hat sich zuletzt etwas an Ihrer Aufgabenstellung geändert?

- Welches Verhältnis haben Sie zu Ihrem Job?

- Wie kommen Sie mit Ihrer täglichen Arbeit klar?

- Was macht Ihnen besonderen Spaß bei Ihrer Arbeit?

- Welche Teilbereiche machen Ihnen keinen Spaß?

- Was würden Sie eventuell lieber machen?

- Was wollen Sie in Ihrem Beruf noch lernen?

Die Antworten, die Sie auf diese Fragen hin bekommen, sollten Ihnen helfen einzuschätzen, welcher Forderungsstufe Ihre Mitarbeiter zuzuordnen sind. Daraus können Sie folgern, wie Sie die Aufgabenstellung der Mitarbeiter eventuell verändern könnten.

Wie führe ich meine Mitarbeiter zum Erfolg?

Während in Ihrer bisherigen Position Ihr eigener Erfolg im Vordergrund stand, sollte sich Ihr Augenmerk nun auf Ihr Team richten. Das ist nicht so leicht. Auf der untersten Führungsebene ist es häufig so, dass Sie einen Verantwortungsbereich neben Ihren Führungsaufgaben haben. Sie müssen für sich die Entscheidung treffen, was wichtiger ist: Ihre Fachaufgabe oder Ihr Team. Die Erfahrung zeigt, dass diejenigen, die sich mehr für ihr Team eingesetzt und ihre eigene Fachaufgabe dem untergeordnet haben, erfolgreicher waren. Sie sollten sich also immer wieder fragen: „Wie führe ich meine Mitarbeiter zum Erfolg?"

Einen ersten Schritt gehen Sie, indem Sie sich aktiv darum kümmern, wie Sie Ihren Mitarbeitern neue Herausforderungen stellen können. Gleich zu Anfang können Sie nicht Ihre gesamte Abteilung umkrempeln. Es geht vielmehr darum, die Mitarbeiter herauszufiltern, deren Kompetenzen und Aufgabenbereiche erweitert werden sollten. Oder Sie können die Entscheidungskompetenzen einzelner Mitarbeiter erweitern, indem Sie einen Teil Ihrer Kompetenzen an sie weitergeben.

Wie teile ich die Mitarbeiter für bestimmte Aufgaben ein?

Ein wesentlicher Teil Ihrer neuen Aufgabe besteht darin, Ihre Mitarbeiter gemäß ihren Fähigkeiten, Neigungen und Vorlieben einzusetzen. In diesem Abschnitt geht es darum, welche Aspekte dabei zu berücksichtigen sind. Sie kommen in eine Situation, in der der Großteil Ihrer Mitarbeiter schon eine bestimmte Funktion im Unternehmen hat. Ihre kurz- bis mittelfristige Aufgabe ist, hier eventuell Korrekturen vorzunehmen. Bevor Sie irgendetwas ändern, müssen Sie sich jedoch einen Überblick über die Aufgabenstellung Ihrer Mitarbeiter verschaffen und analysieren, wie diese die an sie gestellten Anforderungen erfüllen. Ein wichtiger Schritt ist mit dem ersten Mitarbeitergespräch getan.

Wenn Sie neu in der Abteilung sind, können Sie jeden Ihrer Mitarbeiter einen Tag bei seiner Tätigkeit begleiten. Ein Worksheet hierzu finden Sie auf der CD-ROM. Wenn Sie so vorgehen, hat das folgende Vorteile:

- Sie lernen die Aufgaben Ihrer Mitarbeiter kennen und können damit die Grundlage für mögliche Umverteilungen schaffen.

- Sie lernen jeden einzelnen Mitarbeiter mit seinen ganz spezifischen Fähigkeiten kennen.

- Sie können vielleicht den einen oder anderen Vorschlag machen, was verbessert werden könnte.

- Sie kommen Ihren Mitarbeitern auch menschlich näher.

Bei der Festlegung des gemeinsamen Tages sollten Sie dem jeweiligen Mitarbeiter die Gründe für Ihr Vorhaben nennen, um die eintägige Zusammenarbeit plausibel zu machen. Sie sollten sich an diesem Tag von allen anderen Verpflichtungen befreien und sich auf das gemeinsame Vorhaben konzentrieren. Machen Sie sich dabei Notizen und geben Sie zwischendurch schon mal das eine oder andere Feedback, denn das erwartet der Mitarbeiter von Ihnen.

Am Ende des Tages tauschen Sie sich über die Ergebnisse der gemeinsamen Erfahrung aus. Sinnvoll ist es, wenn Sie folgende Fragen stellen:

- Wie fanden Sie die Zusammenarbeit?

- Was ist Ihnen aus Ihrer Sicht gelungen?

- Was haben Sie heute Positives erreicht?

- Was könnten Sie besser machen?

- Gab es heute aus Ihrer Sicht besondere Herausforderungen?

- Was läuft täglich immer gleich ab?

Nach jeder Antwort erläutern Sie Ihre Sicht des jeweils angesprochenen Aspekts. Denken Sie daran, dass Ihr Mitarbeiter sich selbst in der Regel viel zu negativ einschätzt. Sie sollten besonders die Arbeitsabläufe berücksichtigen, die Ihrer Meinung nach gut gelaufen sind.

 SO GEBEN SIE EIN POSITIVES FEEDBACK

Eine positive Rückmeldung sollten Sie durch Fakten begründen können, sagen Sie also nicht: „Das Telefonat mit der Firma Heinrich Müller ist gut gelaufen! Klasse, machen Sie weiter so."

Sondern: „Das Telefonat mit der Firma Heinrich Müller hat mir sehr gut gefallen, weil Sie es geschafft haben, dabei ganz ruhig zu bleiben und dem aufgebrachten Kunden verschiedene Lösungsmöglichkeiten für seine Situation vorzuschlagen. Durch geschicktes Fragen haben Sie erreicht, dass der Kunde die Möglichkeit wählt, die gut in unsere Organisation passt. Klasse, machen Sie auf jeden Fall weiter so."

Nach einem solchen Tag der Zusammenarbeit haben Sie einerseits einen guten Überblick über die Aufgaben des Mitarbeiters gewonnen, andererseits kennen Sie seine Fähigkeiten und Schwächen. Mit diesen Informationen können Sie anfangen, eventuelle Änderungen oder Erweiterungen des

Aufgabenbereichs oder passende Schulungs- beziehungsweise Trainingsmaßnahmen zu planen.

Wie gestalte ich das Verhältnis zu Nachbarabteilungen?

Ihr Team ist ein Teilbereich der gesamten Firmenorganisation. Da Sie nicht allein dastehen, sondern in Interaktion mit anderen Abteilungen der Firma, sollten Sie sich Gedanken darüber machen, wie Sie das Verhältnis zu Ihren Nachbarabteilungen gestalten. Oft ist es in Firmen so, dass zwischen einzelnen Abteilungen nicht unbedingt das beste Verhältnis herrscht. Die Ursachen dafür sind vielfältig und sollen hier nicht analysiert werden. Wichtiger ist: Was können Sie tun, damit die Zusammenarbeit mit den Nachbarabteilungen möglichst reibungslos verläuft?

Wenn Sie neu bei einer Firma eingestiegen sind, sollten Sie dafür sorgen, dass Ihr Vorgesetzter Sie mit Ihren Kollegen bekannt macht. Dies findet vielleicht im Rahmen einer Teamleiterbesprechung statt oder während eines Rundgangs durch die Firma. Wenn Sie bei diesen Vorstellungen nicht alle Ihre Mitarbeiter kennenlernen (Urlaub, Krankheit), denken Sie auf jeden Fall daran, möglichst bald nach Rückkehr Kontakt zu den nicht Anwesenden aufzunehmen.

Wie bei dem ersten Kontakt zu Ihren Mitarbeitern denken Sie daran, auch beim ersten Treffen mit den anderen Teamleitern eine gute Atmosphäre zu schaffen (siehe Kapitel „Wie gestalte ich die ersten Tage in meiner neuen Position?"). Hilfreich ist zudem, wenn Sie eine sogenannte Positiv-Polung machen, indem Sie in sich positive Gefühle für Ihr jeweiliges Gegenüber erzeugen. Fragen Sie sich, was Sie sympathisch an ihr/ihm finden. Bestimmt werden Sie Anhaltspunkte entdecken. So manövrieren Sie sich automatisch in eine positive, erwartungsvolle und offene Position, die dem Verlauf des Gesprächs nur dienlich sein kann. Ansonsten gelten die gleichen Grundsätze wie beim Umgang mit den eigenen Mitarbeitern. Nach der Vorstellung (mit Vor- und Nachname – dies schafft eine offenere Atmosphäre) tauschen Sie sich in lockerer, entspannter Art und Weise mit Ihren Kollegen aus.

BEISPIEL   **DER NEUE TEAMLEITER STELLT SICH VOR**

„Guten Tag Frau Z., mein Name ist Martin Brockmüller. Ich bin der neue Teamleiter des Vertriebsteams Hamburg und seit gestern an Bord." Machen Sie daraufhin eine Pause, damit sich Ihr Gegenüber vorstellen kann. Stellen Sie dann einige Fragen, um das Gespräch einzuleiten.

„Seit wann arbeiten Sie im Unternehmen?"

„Was haben Sie vorher gemacht?"

„Bei welchen Firmen/In welchen Branchen haben Sie gearbeitet?"

„Wie sind Sie in die Position gelangt?"

Nach dieser Aufwärmphase können Sie auf die Berührungspunkte mit den anderen Abteilungen zu sprechen kommen.

Was die Berührungspunkte angeht, so unterscheidet man vier Abstufungen. Bei der Besprechung der folgenden Punkte setze ich voraus, dass es sich um einen sehr frühen Kontakt handelt. Es geht zunächst einmal nur darum, eine Bestandsaufnahme zu machen, ohne gleich eine Wertung abzugeben oder eine fertige Lösung zu präsentieren. Außerdem müssen Sie berücksichtigen, dass jeder Ihrer Teamleiterkollegen die Chance sieht, für sich und seine Abteilung nun mehr Vorteile durchzusetzen als bei Ihrem Vorgänger.

Zwischen den Abteilungen gibt es kaum direkten Kontakt

In einer solchen Situation geht es darum, den Willen für eine gute Zusammenarbeit zu zeigen. Wahrscheinlich besteht, wenn kein engerer Informationsaustausch gewünscht wird, auch kein Bedarf dafür. Falls doch die Idee aufkommt, eine engere Zusammenarbeit zu planen, sollten Sie fragen, welche Vorteile sich dadurch für den anderen oder für Sie ergeben. Dies ist wichtig, um zu verhindern, dass nur unnütze Arbeit auf beiden Seiten anfällt. Wenn Sie gemeinsam feststellen, dass die Vorteile nicht sonderlich groß sind, können Sie sich den Mehraufwand sparen. Sie haben jedoch gezeigt, dass Sie bereit sind, sich Gedanken über eine bessere Zusammenarbeit zu machen.

ERSTE KONTAKTAUFNAHME ZU EINER ANDEREN ABTEILUNG

Sie sagen: „Ich bin ja erst ein paar Tage im Unternehmen und dabei, mich zu orientieren. Vielleicht können Sie mir mal aus Ihrer Sicht schildern, wie Sie die Zusammenarbeit unserer beiden Teams sehen?"

„Wir haben so gut wie keine direkten Berührungspunkte, Sie bekommen über den Vertrieb die aktuellen Umsatzzahlen und können daraus Rückschlüsse für deren Weiterentwicklungen ziehen."

Darauf könnten Sie fragen: „Gibt es denn aus Ihrer Sicht irgendwelche Informationen, die Ihnen dabei helfen würden, damit Sie besser arbeiten können?" oder „Was können wir gemeinsam tun, um die Situation der Firma zu verbessern?".

Zwischen den Abteilungen läuft im Großen und Ganzen alles gut

Auch hier geht es darum, gleich zu Beginn Ihrer neuen Tätigkeit die Bereitschaft zu signalisieren, dass Sie eine gute und fruchtbare Zusammenarbeit anstreben.

FÖRDERUNG DER ZUSAMMENARBEIT

Auf Ihre Frage nach der Zusammenarbeit erhalten Sie folgende Antwort: „Ja, wir bekommen von den Außendienstmitarbeitern Ihrer Abteilung die Aufträge bis zum Mittag per Fax. Meine Mitarbeiter bearbeiten die Aufträge und sorgen dafür, dass sie entsprechend abgewickelt werden. Das klappt so weit alles sehr gut."

Daraufhin sagen Sie: „Klasse, es freut mich wirklich, das zu hören. Welche Verbesserungen können Sie sich in der Zusammenarbeit zwischen den Abteilungen oder beim Informationsaustausch vorstellen?"

Wenn jetzt tatsächlich der eine oder andere Wunsch geäußert wird, nehmen Sie diesen zunächst einmal entgegen, ohne seine Erfüllung zuzusagen. Erst klären Sie, welche Vorteile sich für die beiden Abteilungen und die Gesamtorganisation ergeben. Da Sie noch nicht beurteilen können, ob eine Umsetzung der Ideen möglich ist, besprechen Sie sich erst mit Ihren Mitarbeitern.

REAKTION AUF WÜNSCHE DER ANDEREN ABTEILUNG

„Das ist eine interessante Idee, ich kenne natürlich noch nicht alle Aspekte, die damit zusammenhängen. Ich werde mit meiner Abteilung darüber sprechen, wie sich dieser Wunsch auf den Arbeitsablauf auswirken wird. Wir können in der nächsten Woche nochmals miteinander telefonieren, um zu sehen, wie wir das Ganze umsetzen können."

Klar ist, dass Sie Ihre Zusage einhalten müssen, denn sonst machen Sie sich bereits beim ersten Kontakt unglaubwürdig. Wenn Sie zu dem Schluss kommen, dass die Änderung der Zusammenarbeit für alle Beteiligten sinnvoll ist, arbeiten Sie mit aller Konsequenz an deren Umsetzung.

Zwischen den Abteilungen gibt es schon seit längerer Zeit kleine Unstimmigkeiten

In Gesprächen zwischen den Mitarbeitern und Ihnen werden immer wieder alte Geschichten aufgewärmt. Nun wollen Sie herausfinden, was genau eigentlich los ist.

 SUCHE NACH VORTEILEN FÜR ALLE BETEILIGTEN

Auf die von Ihnen gestellte Frage nach Hilfe bei der Orientierung antwortet der Kollege folgendermaßen:

„Ja wissen Sie, wir haben schon Ihrem Vorgänger immer wieder vorgeschlagen, dass die Aufträge erst durch Ihre Abteilung auf Vollständigkeit und Richtigkeit der Angaben überprüft werden. Wir sind bei ihm da aber immer auf Granit gestoßen."

„Das ist interessant, welche Vorteile hätte es denn für mein Team, wenn wir diese Mehrarbeit mit übernehmen?"

Danach stellen Sie die Frage:

„Und welche Vorteile hätte es für Ihre Abteilung?"

Auch bei diesem Beispiel verweisen Sie darauf, dass Sie erst noch mehr Informationen sammeln müssen, um die konkrete Umsetzung anzugehen.

Verabreden Sie sich dann für einen späteren Zeitpunkt, zu dem Sie das weitere Vorgehen planen.

WAS GENAU IST DAS PROBLEM?

> Auf Ihre erste Frage nach den Beziehungen zwischen den Abteilungen bekommen Sie Folgendes zu hören: „Also Ihr Team bringt ja gar nichts zu Wege. Wir haben schon so viele Vorschläge gemacht, was Ihre Marketingabteilung anders machen sollte, aber nein, sie erstellen Analysen und schalten irgendwelche Anzeigen, die uns vom Vertrieb nicht weiterbringen."
>
> „Ja, deshalb bin ich jetzt hier." (Augenzwinkern) „Spaß beiseite, können Sie mir anhand eines konkreten Beispiels sagen, wie das abgelaufen ist?"

Wichtig ist hier, dass Sie von den zunächst einmal sehr ungenauen Unmutsäußerungen zu einem konkreten Vorfall kommen, der es Ihnen ermöglicht, die ganze Sache nachzuvollziehen. Fragen Sie also genau nach, was wer wann wie gesagt und getan hat. Begründen Sie die Fragen so: „Damit wir für die Zukunft eine gemeinsame Lösung finden, mit der wir beide leben können." Aus den Informationen können Sie vielleicht schon heraushören, ob die Forderungen berechtigt oder unberechtigt sind. Mit einer Wertung halten Sie sich zurück, bis Sie mit Ihren eigenen Mitarbeitern gesprochen haben.

Unabhängig davon, welche Berührungspunkte es gibt, zeigen Sie, dass Sie an einer harmonischen und fruchtbaren Zusammenarbeit interessiert sind. Geben Sie sich offen und diskussionsbereit. Das eröffnet Ihnen für die Zukunft alle Möglichkeiten, funktionierende Kontakte zu vertiefen oder gegen Schwierigkeiten gezielt anzugehen.

Mit welchem Führungsstil erziele ich die größten Erfolge?

Als Teamleiter müssen Sie einem ganz klaren Anforderungsprofil entsprechen. Ihre neuen Aufgaben erfordern gewisse Fähigkeiten.

 ANFORDERUNGEN AN DEN TEAMLEITER

Aufgaben	Anforderungen	Fähigkeiten
Koordinieren	Ziele vereinbaren; Ablauf organisieren; Zeitbudget überwachen; Außenkontakte abstimmen	Verzicht auf Dominanz; verbindlich, aber hartnäckig
Moderieren	Alle ins Spiel bringen; Argumente herausarbeiten; Moderationstechnik beherrschen; Störungen erkennen; Konsens herstellen	Visualisieren; Beziehungsstörungen erkennen und beheben
Beraten	Fach- und Methodenfragen klären; Beziehungsprobleme klären	In Alternativen denken; nichtdirektive Gesprächsführung; Konflikte managen
Konflikte managen	Rollenkonflikte im Team erkennen und klären	Die Kommunikation im Team gezielt analysieren
Präsentieren	Die Ergebnisse der Teamarbeit in den Gesamtzusammenhang stellen und Teaminteressen vertreten	Selbstbewusstes Auftreten; Balance halten zwischen Team und Gemeinschaftsinteressen
Verhandeln	Über Aufgaben, Zeit und Geld sowie personelle Unterstützung verhandeln	Verhandlungsstrategien sowie -taktiken

(Die Tabelle stammt aus dem Taschenguide „Teams führen" von Wolfgang Krüger.)

Es stellt sich die Frage, wie Sie Ihrem Team diese Anforderungen nahebringen. In der Fachliteratur werden unterschiedlichste Führungsstile diskutiert, die sich zum Teil sehr ähnlich sind. Letztendlich kreiert jeder Unternehmensberater und Trainer mehr oder weniger seinen eigenen Ansatz. Die Entwicklung von Führungsstilen unterliegt außerdem auch gewissen Modeströmungen. Dadurch ist die Bandbreite enorm. Die extremen Positionen sind durch den autoritären Führungsstil einerseits und das Laisserfaire-Prinzip andererseits besetzt.

Beim autoritären Führungsstil gibt der Vorgesetzte die Richtung vor und legt fest, was jeder Mitarbeiter zu tun hat, damit das gesetzte Ziel erreicht wird. Die Mitarbeiter sind nicht am Entscheidungsprozess beteiligt, sie führen lediglich Anweisungen aus. Der Vorgesetzte kontrolliert die Arbeit und reagiert mit Anerkennung oder mit Sanktionen. Dieser Führungsstil entstand in einer Zeit, in der das Bildungsgefälle sehr groß war. Die Untergebenen wussten relativ wenig über das, was sie tun mussten, während der Vorgesetzte aufgrund seiner Ausbildung und seines Wissens in der Lage war, jede Situation richtig zu beurteilen. Da mittlerweile der Ausbildungsstand der Mitarbeiter relativ hoch ist, entfällt der Grund für diesen Führungsstil.

Das andere Extrem stellt das Laisser-faire-Prinzip dar. Der Begriff kommt aus dem Französischen und bedeutet so viel wie: Lass sie machen. Weder existiert eine Führung, noch wird ein Ziel vorgegeben. Es gibt auch keine Ergebniskontrolle. Jeder macht, was er will und keiner weiß warum.

Dieser Führungsstil setzt voraus, dass jeder Mitarbeiter erkennt, was das Richtige ist, und dass er genau das dann auch tut. Es ist unschwer nachzuvollziehen, dass dieses Prinzip nicht sonderlich praxistauglich ist. Was ist also die richtige Wahl? Die Lösung ist einfach und naheliegend: Führen Sie kooperativ! Die folgenden fünf Elemente sind charakteristisch für den kooperativen Führungsstil:

- Delegieren von Aufgaben

- Beteiligung der Mitarbeiter am Führungsprozess

- Transparenz der Anordnungen sowie der Aufgabenstellungen für alle Mitarbeiter

- Repräsentation des eigenen Teams
- zielorientiertes Kontrollieren

Wie delegiere ich Aufgaben?

Das Delegieren von Aufgaben hat verschiedene Gründe:

- Sie können das Know-how Ihrer Mitarbeiter nutzen.
- Im Sinne der Forderung und Förderung können Sie Ihren Mitarbeitern neue, interessante und abwechslungsreiche Aufgaben stellen, die eine Herausforderung darstellen.
- Sie beweisen Ihren Mitarbeitern, dass Sie Vertrauen in ihre Fähigkeiten haben.
- Die Aufgaben Ihrer Mitarbeiter bleiben interessant.
- Durch die geschickte Verteilung von Aufgaben entsteht Teamgeist.

Angenommen Sie planen mit Ihrem Vertriebsteam Informationsveranstaltungen für Interessenten und Kunden. Für diese Aufgabe bestimmen Sie im Rahmen eines Meetings einen Ihrer Mitarbeiter als den Verantwortlichen, der alles organisieren soll.

Seien Sie sich darüber im Klaren, dass Sie mit der Delegierung dieser Aufgaben auch Kompetenzen abgeben müssen, zum Beispiel bei dieser Aufgabe mit Hotels, Adressverlagen oder Ähnlichem Verträge auszuhandeln. Im Idealfall bekommt der Mitarbeiter dafür ein eigenes Budget zur Verfügung gestellt, mit dem er die Ausgaben für die Veranstaltung bestreiten muss. Achten Sie aber darauf, dass die Aufgabe nicht wieder an Sie zurückfällt. Wenn der Mitarbeiter Sie fragt: „Welches Hotel soll ich jetzt buchen, das oder das andere?", weisen Sie ihn bestimmt darauf hin, dass er zu entscheiden hat. Wichtig beim Delegieren von Aufgaben ist, dass Sie die Aufgabe wie ein Ziel formulieren und dabei die Zielkriterien einhalten. Die Aufgabenstellung könnte folgendermaßen aussehen:

PLANUNG EINER HAUSMESSE

„Herr L., Sie organisieren die Hausmesse am 14.09. Ich nenne Ihnen die Produkte, die dabei präsentiert werden. Zwei Kunden halten einen Vortrag über den erfolgreichen Einsatz unserer Software. Die Veranstaltung findet von 10.00 bis 18.00 Uhr statt. Die Einladungen an die Kunden und die Interessenten müssen bis zum 01.08. rausgegangen sein.

Wir erreichen damit, dass wir unsere Kunden über die neuesten Entwicklungen informieren und den Kontakt zu ihnen intensivieren. Bei den Interessenten stellen wir auf breiter Basis unsere Kompetenz auf dem Gebiet der ... dar. Ziel ist es, 100 Kunden und Interessenten für diese Veranstaltung zu gewinnen."

Die Zielformulierung müssen Sie nicht unbedingt vorgeben, sie kann auch in einem Meeting mit dem gesamten Team besprochen werden. Bei kleineren Aufgaben können Sie das Zielausmaß direkt mit dem Mitarbeiter besprechen, der die Aufgabe erfüllen soll. Je nachdem, wie gut Sie Ihren Mitarbeiter kennen, sollten Sie sich einen kurzen Entwurf für die Vorgehensweise geben lassen, um zu überprüfen, ob die praktische Umsetzung der Aufgabe effektiv verlaufen wird.

Wie beteilige ich meine Mitarbeiter am Führungsprozess?

Im genannten Beispiel der Hausmesse werden der geplante Umfang und die Vorgehensweise bei der Durchführung nicht allein von Ihnen festgelegt, sondern Sie beteiligen Ihre Mitarbeiter schon bei der Ideenfindung. Damit nutzen Sie die Erfahrungen, Kenntnisse und das kreative Potenzial, das Ihr Team zu bieten hat. Die Ideen werden zunächst gesammelt und dann die Vor- und Nachteile bewertet. Die letztendliche Entscheidung, was auf dieser Veranstaltung gezeigt wird und wie sie ablaufen soll, treffen dennoch Sie, wobei allen Beteiligten durch den vorangegangenen Prozess der Ideenfindung und -bewertung klar ist, aus welchen Gründen Sie so entschieden haben.

Durch die Beteiligung am Entscheidungs- beziehungsweise Führungsprozess kann sich jeder Mitarbeiter im Gesamtprojekt wiederfinden. Da Sie damit eine emotionale Bindung der Mitarbeiter an das Projekt hergestellt haben, ist die Motivation höher, dieses Projekt zum Erfolg zu führen. Ein zusätzlicher positiver Effekt entsteht dadurch, dass das gemeinsame Erarbeiten des Projekts den Teamgeist innerhalb Ihrer Abteilung stärkt. Wie solche Besprechung möglichst produktiv durchgeführt werden, können Sie im Kapitel „Wie plane und leite ich Teambesprechungen?" nachlesen.

Wie mache ich meine Anordnungen und Aufgabenstellungen transparent?

Stellen Sie sich einmal vor, am Freitag gegen 14.00 Uhr bekommen Sie einen Anruf von der Sekretärin Ihres Geschäftsführers, dass Sie sich am Montagmorgen um 10.00 Uhr bei ihm melden sollen. Weitere Informationen erhalten Sie nicht. Wie wird wohl Ihr Wochenende verlaufen? Wahrscheinlich werden Sie dauernd nachgrübeln, was wohl falsch gelaufen sein könnte.

Dieses Beispiel soll Ihnen zeigen, wie Sie besser nicht mit Ihren Mitarbeitern umgehen. Wenn Sie sie für einen späteren Zeitpunkt zu sich zitieren, sagen Sie auch immer, worum es in dem Gespräch gehen wird. Geben Sie ihnen bei Aufgabenstellungen stets Informationen darüber, aus welchem Grund Sie Ihre Entscheidung getroffen haben. Das gibt Ihren Mitarbeitern einerseits Sicherheit, andererseits erfahren sie etwas über den Zweck der Anordnung und können dann noch besser in Ihrem Sinne handeln, was automatisch zur Qualitätssteigerung beiträgt.

Wie repräsentiere ich mein eigenes Team?

Stellen Sie sich vor, Sie haben mit einem Mitarbeiter besprochen, dass er seine Aufgabe in einer bestimmten Art und Weise ausführen soll. Und dann kommt jemand, der nicht Ihrem Team angehört, und kritisiert Ihren Mitarbeiter wegen genau dieser Vorgehensweise.

BEISPIEL **RÜCKENDECKUNG FÜR EINEN MITARBEITER**

Da der Außendienst es in letzter Zeit nicht mehr für nötig hält, beim Ausfüllen der Verträge die erforderliche Sorgfalt walten zu lassen (unleserliche Schrift, fehlende Angaben usw.), haben Sie mit dem Leiter des Vertriebs vereinbart, dass Aufträge, die nicht dem Qualitätsstandard entsprechen, mit einem „Meckerfax" zurückgesandt werden. Daraufhin taucht ein Vertriebsbeauftragter bei einem Ihrer Mitarbeiter auf und beschwert sich lautstark.

In dieser Situation stellen Sie sich vor Ihren Mitarbeiter und erklären dem Verkäufer, was Sie mit der Vertriebsleitung vereinbart haben. Sie repräsentieren Ihren Verantwortungsbereich nach außen.

Bei der Repräsentation des eigenen Teams geht es darum, Ihre Teammitglieder bei Vorwürfen und Angriffen von außen zu vertreten. Sie halten Ihren Kopf hin und verantworten eventuelle Fehler Ihrer Mitarbeiter gegenüber anderen Abteilungen. Welche Wirkung wird Ihr Verhalten auf Ihre Mitarbeiter haben?

- Ihre Mitarbeiter werden aktiver an der Umsetzung der gestellten Aufgaben arbeiten, weil sie sicher sein können, dass sie Rückendeckung von Ihnen haben.

- Durch das Mehr an Sicherheit können Ihre Mitarbeiter ihre eigenen Entscheidungen in Ihrem Sinne treffen. Das bedeutet, Sie bekommen weniger Rückfragen und werden dadurch entlastet.

Es gibt aber nicht nur die Repräsentation nach außen, auch die Repräsentation nach innen ist wichtig. Dabei handelt es sich um das Maß an Loyalität, das Sie Ihren eigenen Vorgesetzten entgegenbringen sollten. Stellen Sie sich vor, Sie bekommen von Ihrem Vorgesetzten eine Aufgabe für Ihr Team, mit der Sie nicht ganz einverstanden sind. Diese müssen Sie Ihrem Team „verkaufen". Jetzt geht es darum, diese Aufgabe nach innen zu repräsentieren, also überzeugend den Sinn und Zweck der Aufgabe darzustellen und das Team dafür zu begeistern.

Wie kontrolliere ich zielorientiert?

Bei der Kontrolle handelt es sich um das Vergleichen des Istzustands mit dem Sollzustand beziehungsweise der Zielvorgabe. Sie dient dazu, eventuelle Abweichungen rechtzeitig festzustellen. Denn nur so können Sie als Teamleiter noch rechtzeitig eingreifen. Wenn Sie Ihren Mitarbeitern eine konkrete Zielvorgabe erteilen, haben Sie ein Recht darauf, von Ihnen ein Feedback zu bekommen, insbesondere dann, wenn es Gründe für eine positive Rückmeldung gibt. Dieser Punkt wird leider häufig vergessen, weil positive Entwicklungen als selbstverständlich angesehen werden.

REGELMÄSSIGE KONTROLLEN

Sie haben als Vertriebsteamleiter einen neuen Mitarbeiter. Da Sie aus Erfahrung wissen, dass dessen Erfolg von der Anzahl der Neukontakte abhängt, kontrollieren Sie zweimal in der Woche in einem kurzen Gespräch sowohl die Anzahl als auch die Qualität seiner Kontakte.

Stellen Sie bei der Kontrolle fest, dass es eine Abweichung nach unten gibt, müssen Sie steuernd eingreifen und mit dem jeweiligen Mitarbeiter besprechen, wie sie beide das Ziel doch noch erreichen. Lesen Sie dazu das Kapitel „Wie führe ich Personalgespräche?".

Wie häufig sollte ich Kontrollen ansetzen?

Das hängt im Wesentlichen davon ab, welchen zeitlichen Rahmen das Gesamtziel hat und wie schnell Sie tatsächlich gegensteuern können.

SETZEN SIE SICH SINNVOLLE TEILZIELE

Ihre Vertriebsmitarbeiter haben eine Jahresvorgabe, die Sie bei einem regulären Geschäftsverlauf auf Monatsteilziele herunterbrechen können. Überlegen Sie bei Ihrem Kontrollrhythmus: Wenn die Vorgaben in einem Monat nur zu 50 Prozent erfüllt werden, welche Chancen bestehen noch, diesen Rückstand auszugleichen?

Wie lang- beziehungsweise kurzfristig ist Ihr Verkaufszyklus?

Je länger er ist, desto weniger können Sie die reinen Umsatzzahlen als Kontrollinstrument verwenden. Denn wenn zwischen der ersten Kontaktaufnahme zu einem Kunden bis zum Verkauf Ihres Produkts sechs Monate liegen, ist das Jahr schon fast um. Wenn Ihr Mitarbeiter zwei oder drei große Geschäfte in den Sand setzt, gefährdet er seine Zielerreichung. In diesem Fall müssen Sie andere Kontrollpunkte vereinbaren. Hier bieten sich die Präsentation beim Kunden, das Gespräch mit der Geschäftsleitung, ein Test oder die Klärung der Budgetfragen mit dem Kunden an. Derartige Ereignisse können Sie für jeden potenziellen Kunden als Checkpunkte vereinbaren, um damit die gesamte Zielerreichung sicherzustellen.

Wenn der Verkaufszyklus kürzer ist, könnten Sie die reinen Umsatzzahlen als Kontrollinstrument nutzen, aber auch hier besteht die Gefahr, dass Sie reagieren und nicht agieren, weil der Monat schon vorbei ist, wenn Sie die aktuellen Zahlen bekommen. Daher ist es sinnvoll, andere Größen als Kontrollpunkte zu vereinbaren, aus denen Sie eine Vorhersage zur Zielerfüllung ableiten können. Beispiele hierfür sind die Anzahl der vereinbarten Termine bei Nichtkunden, der Besuche, der Telefonate, der Erstbesuche, der Zweitbesuche oder der Angebote.

 ÜBERPRÜFEN SIE TEILZIELE REGELMÄSSIG

Generell gilt: Je wichtiger ein Teilziel für die Erreichung des Gesamtziels ist, desto häufiger sollten Sie kontrollieren. Je genauer Sie einen Mitarbeiter kennen und je mehr Vertrauen Sie in dessen Fähigkeiten haben, desto größer können Sie die Kontrollabstände festlegen. Durch das Kontrollieren bauen Sie eine Art Regelkreis auf, der es ermöglicht, Ihre Mitarbeiter auf direktem Wege zum Ziel zu führen.

Je kürzer Sie die zeitlichen Abstände der Kontrollen festlegen, desto weniger Abweichungen vom geplanten Weg werden Sie feststellen. Da Sie gerade am Anfang Ihrer neuen Tätigkeit sowohl die Arbeitsweise als auch die Arbeitsqualität Ihrer Mitarbeiter möglicherweise noch nicht genau einschätzen können, kündigen Sie an, dass Sie sich häufiger mit ihnen treffen werden, um mit ihnen über die erreichten Teilziele zu sprechen. Bleiben Sie konsequent bei Ihrer Linie. Wenn alles gut läuft und Sie Vertrauen in die Fähigkeiten Ihrer Mitarbeiter gewonnen haben, können Sie die Zügel etwas lockerer lassen.

Wie führe ich meine Mitarbeiter kooperativ?

Den ersten Schritt haben Sie mit dem einleitenden Zielgespräch gemacht. Danach muss sich Ihr Mitarbeiter Gedanken darüber machen, auf welchem Weg er seine Ziele erreichen will. Er entwirft einen Plan, der vielleicht einzelne Zwischenstationen beinhaltet. Im nächsten Feedback-Gespräch, für das Sie ja schon im Zielgespräch einen Termin vereinbart haben, lassen Sie sich von Ihrem Mitarbeiter erläutern, welche Teilziele er sich setzen will.

BEACHTEN SIE DIE KRITERIEN FÜR SINNVOLLE ZIELVORGABEN

Denken Sie dabei wieder an die Kriterien für die Ziele. Nur wenn die Ziele konkret messbar und mit einer Zeitvorgabe versehen sind, können Sie später stressfrei und emotionslos über die Zielerfüllung sprechen.

Bei der Planung der einzelnen Zwischenschritte Ihres Mitarbeiters sollten Sie sich immer wieder fragen:

- Ist das Ziel realistisch?

- Kann der Mitarbeiter es aus eigener Kraft erreichen?

- Ist der Plan logisch und folgerichtig?

- Ist der zeitliche Abstand zwischen den einzelnen Teilzielen für die Kontrolle richtig angesetzt?

- Kann im Fall des Nichterreichens eines bestimmten Teilziels gegengesteuert werden?

Je nach Beantwortung der Fragen müssen Sie eventuell korrigieren. Dies sollten Sie idealerweise wiederum mit Fragen tun, um den Mitarbeiter dazu zu bringen, die Fehler in seinen Zielsetzungen oder die Lücken in seinem Plan zu erkennen. Mögliche Formulierungen sind:

- Können Sie dieses Ziel wirklich aus eigener Kraft erreichen?

- Was können Sie zur Erreichung des Ziels noch beitragen, wenn Voraussetzung XYZ nicht eintrifft?

- Woran werden wir in zwei Wochen messen können, dass Sie das Ziel erreicht haben?

- Ist es sinnvoll, erst das und dann jenes erreichen zu wollen?

- Welcher Aspekt ist noch wichtig?

- Wenn Sie Ihr Teilziel bis zum ... nicht erreicht haben, gibt es dann noch eine Möglichkeit gegenzusteuern?

- Welche Teilziele können Sie sich noch setzen?

Die Vorteile liegen auf der Hand. Wenn der Mitarbeiter durch Ihre Fragen selbst erkennt, dass er etwas ändern muss, wird ihn dies sehr viel stärker motivieren, als wenn Sie die Vorgaben korrigieren. Eine Frage wird selten als Kritik empfunden. Wenn Sie Ihrem Mitarbeiter jedoch vorschreiben, was er anders machen soll, wird er eher mit Widerstand reagieren.

Wie verhalte ich mich bei Rückdelegierung?

Was ist damit gemeint? Wenn Sie eine Aufgabe delegiert haben, gehen Sie normalerweise davon aus, dass sie ausgeführt wird. Nun kann es sein, dass Ihr Mitarbeiter sich bei einer Entscheidung nicht sicher ist und noch einmal bei Ihnen nachfragt. Wenn Sie nicht aufpassen, kann es schnell dazu kommen, dass Sie selbst die Verantwortung für die Aufgabe wieder übernehmen. Wenn Sie auf die Frage Ihres Mitarbeiters eine Antwort geben, erzeugen Sie in ihm das Gefühl, dass aufgrund Ihrer Entscheidung als Chef alles gutgehen muss. Erreicht er sein Ziel nicht, kann sich der Mitarbeiter darauf hinausreden, dass Sie entschieden haben. Da Sie diese Entwicklung vermeiden wollen, lenken Sie das Gespräch in eine bestimmte Richtung.

Mit dem folgenden Muster kommen Sie mit Ihrem Mitarbeiter schnell zu einer durchdachten Lösung.

- Frage nach den Vorteilen der Lösung A

- Frage nach den Vorteilen der Lösung B

- Frage nach den Nachteilen beider Lösungen

- Frage nach der am besten geeigneten Lösung unter dem Aspekt der Zielerfüllung

DER RÜCKDELEGIERUNG ENTGEGENWIRKEN

„Ich habe hier zwei Angebote von Hotels für unsere Veranstaltung. Welches soll ich denn buchen?"

„Herr L., Sie haben sich ja schon mit den Vor- und Nachteilen der Hotels auseinandergesetzt. Was spricht denn für Hotel A?" – Antwort des Mitarbeiters.

„Was spricht aus Ihrer Sicht für Hotel B?" – Antwort des Mitarbeiters.

„Welche Nachteile sehen Sie bei beiden Häusern?" – Antwort des Mitarbeiters.

„Wenn Sie an das Ziel für unsere Veranstaltung denken, welches Hotel halten Sie jetzt selbst für das geeignete?"

Diese Struktur können Sie bei fast jeder beliebigen fachlichen Frage Ihrer Mitarbeiter anwenden. Sie hat folgende Vorteile:

- Spätestens nach dem zweiten Mal weiß der Mitarbeiter, dass er Ihnen nicht einfach unvorbereitet eine Frage stellen kann, ohne selbst Informationen zu liefern. Er wird sich nun besser vorbereiten.

- Er bemerkt bei der Vorbereitung, dass er Ihre Entscheidungshilfe nicht benötigt, weil die Lösung auf der Hand liegt.

- Sie können anhand der Antworten abschätzen, wie gut Ihr Mitarbeiter Situationen bewerten und beurteilen kann.

- Sie geben dem Mitarbeiter mit diesem Vorgehen das Gefühl, dass er selbst entschieden hat, da Sie sich nicht zu den fachlichen Inhalten geäußert haben.

- Vor allem wenn Sie neu in der Firma sind und noch nicht alle Aspekte kennen, erhalten Sie viele Informationen, die Sie schneller fit für den Alltag in der neuen Position machen.

Sie können gemeinsam mit jedem Mitarbeiter, der eine fachliche Frage an Sie richtet, mithilfe dieses Musters eine Lösung finden. Erklären Sie Ihrem Mitarbeiter Ihre Vorgehensweise und bitten Sie Ihn, diese Struktur bei allen fachlichen Fragen anzuwenden. Sie haben es in der Hand, durch konsequentes Umsetzen dieser Regeln Ihre Untergebenen zur selbstständigen Mitarbeit zu bewegen.

Zielorientierung statt Problemorientierung

Eines der am häufigsten benutzten Wörter in Firmen ist „Problem". Alle haben irgendwie Probleme mit Kollegen, Vorgesetzten, Kunden oder Produkten. Die ganze Welt ist voller Probleme. Wie im ersten Kapitel beschrieben, bekommen wir genau das, was wir denken. Und Sprache ist nichts anderes als nach außen getragene Gedanken. Wenn Sie von Problemen sprechen, werden Sie sie bekommen.

Wo ist der Ausweg? Natürlich gibt es Probleme, aber müssen wir Sie auch so nennen? Es gibt viele Ausdrücke beziehungsweise Formulierungen, die das Wort „Problem" ersetzen können. Machen Sie sich doch einmal ein paar Gedanken dazu, welche alternativen Begriffe Sie stattdessen verwenden könnten. Hier ein paar Beispiele dazu:

- Situation

- Vorübergehende Situation

- Frage

- Suche nach einer Lösung

- Aufgabe

- Besonderheit

- Gegebenheit

- Wunsch

- Anforderung

- Herausforderung

Machen Sie ein Experiment dazu, was passiert, wenn Sie an ein Problem denken: Denken Sie an eine schwierige Situation, sei es im beruflichen oder privaten Umfeld. Stellen Sie sich diese Situation bildlich vor, nehmen Sie sich ein wenig Zeit, und sagen Sie zu sich selbst den Satz: „Das ist ein Problem." Nun überprüfen Sie, wie es um Ihre Motivationslage bestellt ist. Wie sieht es mit Ihrer Kreativität aus, wenn Sie eine Lösung suchen?

Merken Sie sich diese Gefühle. Jetzt lassen Sie Ihren Blick durch den Raum schweifen, und konzentrieren Sie sich auf alles, was darin blau ist (das ist ein kleines Ablenkungsmanöver!).

Dann gehen Sie zurück zu der Situation, an die Sie eben gedacht haben, zurück zu dem Bild von vorhin, ändern aber nichts am Inhalt. Nun sagen Sie den Satz zu sich selbst: „Das ist eine Herausforderung für mich!" Achten Sie wieder auf Ihre Motivationslage und Ihre Kreativität. Was hat sich geändert? Fühlen Sie sich bei dem Wort „Herausforderung" stärker motiviert? Haben Sie mehr Ideen?

Dieses kleine Experiment soll Ihnen deutlich machen, dass Sie, wenn Sie an Probleme denken, nicht die Kraft und die Ideen haben, die Sie brauchen, um sich aus der Situation zu lösen. Vermeiden Sie das Wort „Problem" so oft Sie können. Machen Sie sich positive Gedanken, und schon sind Sie der Lösung einer ungeklärten Situation einen Schritt näher.

Welche Aspekte sind noch zu berücksichtigen? Wenn Sie das Wort „Problem" benutzen, sagen Sie automatisch: Ich habe ein Problem. Damit stecken Sie sprachlich und auch gedanklich in der Gegenwart fest. Sie machen sich keine Gedanken über die Zukunft. Wenn Sie dagegen zu sich sagen: „Ich bin auf der Suche nach einer Lösung", denken Sie das Wort „Lösung", und die wird dann auch kommen. Geschickt ist es auch, wenn Sie sich denken: „Es handelt sich um eine besondere Situation" oder – noch besser – um eine „vorübergehende Situation". Morgen kann schon wieder alles ganz anders sein.

Was hat dies mit Ihrer Führung beziehungsweise mit dem Umgang mit Ihren Mitarbeitern zu tun? Da Sie ja gemeinsam bestimmte Ziele erreichen wollen, werden Sie automatisch mit entsprechenden Herausforderungen konfrontiert. Sie machen sich das Leben schwerer, wenn Sie diese Herausforderungen als „Probleme" betrachten.

 HILFESTELLUNG IN SCHWIERIGEN SITUATIONEN

Ein Mitarbeiter kommt zu Ihnen und sagt: „Wir haben ein Problem. Unsere Rechner haben sich mit einem Virus infiziert und wir können jetzt nicht die Folien für den Vortrag fertigstellen."

Folgende Antwort könnte die Lage entschärfen: „Sie fragen sich, wie Sie für diese Situation eine Lösung finden können?"

Allein durch die Umformulierung richten Sie Ihre Gedanken auf eine Lösung! Erstaunlich wird auch die Reaktion der Mitarbeiter sein, denn bisher waren sie es gewohnt, dass minutenlang über das Problem gesprochen wurde. Wie ist das passiert? Wer hat das Ganze verursacht? Wer hat Schuld? Erst nachdem sie diesen ganzen Sumpf durchwatet hatten, bemühten sie sich um eine Lösung. Seien Sie schneller, kümmern Sie sich um eine Lösung, lassen Sie die Ursachenanalyse erst weg. Wenn Sie einen Ausweg gefunden haben und alles wieder im Lot ist, können Sie dafür sorgen, dass so etwas in Zukunft nicht mehr passiert.

LÖSUNGSORIENTIERTE KOMMUNIKATION

Eine weitere Möglichkeit lösungsorientiert mit Ihren Mitarbeitern zu kommunizieren ist es, nach dem „Wie" zu fragen. Ein Mitarbeiter kommt zu Ihnen und sagt: „Wir haben ein Problem. Unsere Rechner haben sich mit einem Virus infiziert, und jetzt können wir die Folien für den Vortrag nicht fertigstellen."

Sie entgegen darauf: „Sie fragen sich jetzt, wie Sie trotz dieser Situation die Folien doch noch fertigstellen können?"

Hier gehen Sie noch subtiler vor, indem Sie durch die Frage „Wie können Sie es schaffen?" die Möglichkeit des Misslingens einfach sprachlich und damit gedanklich ausblenden.

Sie sollten diese Haltung im Umgang mit Ihren Mitarbeitern konsequent durchhalten, damit allen klar wird, dass es bei Ihnen kein schnelles Aufgeben in besonderen Situationen gibt. Je öfter Sie lösungsorientiert kommunizieren und handeln, desto einfacher werden Ihnen in Zukunft Lösungen fallen.

Wie motiviere ich meine Mitarbeiter?

Das ist die Frage, die mir in Führungskräftetrainings immer wieder gestellt wird. Je mehr ich mich mit dieser Fragte auseinandersetze, desto mehr festigt sich die Erkenntnis, dass unsere Aufgabe als Führungskraft im Wesentlichen darin besteht, Demotivation zu vermeiden, anstatt Motivation erzeugen zu wollen. Wie komme ich zu dieser Erkenntnis?

Ich nehme hier Bezug auf die Gallup-Studien, die sich mit dem Thema Mitarbeiterzufriedenheit beschäftigen. Vielleicht fragen Sie sich jetzt, was das damit zu tun hat, dass man sich selbst in seinem Beruf besonders einsetzt. Die Gallup-Studien wurden mit dem Ziel aufgesetzt zu analysieren, warum wirtschaftlich erfolgreiche Unternehmen besser sind als andere. Alle möglichen Details bezüglich Marktbearbeitung, Produktentwicklung, Produktivität, Innovationskraft und Mitarbeiterführung wurden erfragt und analysiert. Da die Unternehmen aus sehr unterschiedlichen Branchen kamen, war die einzige Gemeinsamkeit, die gefunden wurde, dass die Mitarbeiter in erfolgreichen Unternehmen sich sehr wohlfühlen.

Nun könnten Sie auf die Idee kommen und sagen, dass für die Zufriedenheit der Mitarbeiter das Unternehmen zuständig sei, zum Beispiel durch die Höhe des Gehalts, die gebotene Infrastruktur und sonstige soziale Leistungen. Und Sie als angehende Führungskraft hätten wenig Einfluss auf die Zufriedenheit der Mitarbeiter. Genau hier liegt der Trugschluss. Dazu möchte ich kurz auf die zwölf Fragen eingehen, mit denen Gallup die Mitarbeiterzufriedenheit gemessen hat. Sie werden sehen, dass Sie als Führungskraft zur Mitarbeiterzufriedenheit und damit zur Motivation einiges beitragen können.

1. Weiß ich, was bei der Arbeit von mir erwartet wird?

Diese Frage deutet darauf hin, wie wichtig es ist, mit den Mitarbeitern offen zu kommunizieren, welche Erwartungen in Bezug auf Ausmaß und Qualität der Arbeit bestehen. Dabei ist es besonders bedeutsam, messbare Kriterien heranzuziehen, damit in der Zusammenarbeit das Gefühl von Sicherheit vermittelt wird und sich die Beteiligten in der Kommunikation immer wieder auf messbare und eindeutige Fakten beziehen können. Dieses Kriterium scheint ganz einfach erfüllbar zu sein, aber wie oft kommt es in der täglichen Zusammenarbeit zu Missverständnissen. Geben Sie sich Mühe, für Ihre neuen Mitarbeiter einen Rahmen zu definieren, was Sie von Ihnen erwarten. Hinweise hierzu finden Sie ab Seite 29.

2. Habe ich die Materialien und Arbeitsmittel, um meine Arbeit richtig zu machen?

Sicher wissen Sie selbst, wie demotivierend es ist, mit Arbeitsmitteln zu arbeiten, die nicht ganz zur Aufgabenstellung passen. Sei es die Software, der Computer, die Maschine oder einfach das Büro. Welchen Aufwand betreiben die meisten Menschen dann, um die Unzulänglichkeiten auszugleichen? Wie stark wird das Gefühl der Frustration, wenn wir wissen, es ginge schneller und mit weniger Aufwand ließe sich mehr schaffen.

Sie sind als Führungskraft auch zuständig, sich um die Arbeitsumgebung Ihrer Mitarbeiter zu kümmern. Natürlich können Sie nicht von heute auf morgen die Welt beziehungsweise das gesamte Unternehmen verändern. Kämpfen Sie aber dafür und kommunizieren Sie dies Ihren Mitarbeitern. Auch wenn Sie keine oder kleine Veränderungen schaffen, Sie werden es Ihnen danken.

3. Habe ich bei der Arbeit jeden Tag Gelegenheit, das zu tun was ich am besten kann?

Diese Frage bezieht sich darauf, inwieweit Mitarbeiter Ihren Fähigkeiten und Vorlieben entsprechend eingesetzt sind. Darüber machen wir uns normalerweise nur wenig Gedanken. Das Beste, was Ihnen passieren kann, ist Mitarbeiter zu haben, die darauf brennen, ihren Job gut zu machen, die Spaß daran haben, jeden morgen in die Firma zu kommen. Ihre Kunst wird es sein, dafür zu sorgen, die richtigen Mitarbeiter an Bord zu holen.

Wenn Sie neu in eine Abteilung kommen, haben Sie meist keinen Einfluss mehr darauf, wer genau dabei ist. Sie können aber herausfinden, welcher Ihrer Mitarbeiter an welchen Aufgaben besonders viel Spaß hat, und eventuell Aufgabenbereiche innerhalb des Teams tauschen. So haben Sie am Ende Mitarbeiter, die den ganzen Tag das tun, was ihnen Spaß macht. Etwas Besseres können Sie für die Motivation gar nicht tun.

4. Habe ich in den letzten sieben Tagen für gute Arbeit Anerkennung bekommen?

Wir Menschen lieben Anerkennung. Der erste Schritt, um sie zu geben, steckt bereits in Frage eins: „Weiß ich, was bei der Arbeit von mir erwartet wird?" Erst wenn klar ist, was Sie von Ihren Mitarbeitern verlangen, können Sie auch gute Anerkennung verteilen. Und hier sollten Sie eher dem Ansatz folgen, das normal gute Ergebnis zu loben. Vermeiden Sie Verhalten nach dem Muster „Nicht geschimpft ist gelobt genug". Schaffen Sie eine gute Atmosphäre, indem Sie die Leistungskriterien eher niedrig ansetzen und damit häufiger Grund zum Loben haben. Das, was Sie an Leistungen von Ihren Mitarbeitern bekommen, wird wesentlich mehr sein, als das, was Sie mit Ihren Leistungskriterien vorgegeben haben.

5. Interessiert sich mein/e Vorgesetzte/r oder andere Person/en bei der Arbeit für mich als Mensch?

In vielen Unternehmen werden leider die Mitarbeiter oft nur noch als Leistungserbringer angesehen. Ein Motivationsfaktor ist es, dass die Mitarbeiter als Menschen mit Gefühlen, Wünschen und Motiven wahrgenommen werden. Dies wird zwar in den seltensten Fällen als Wunsch oder Forderung formuliert, aber wer als Mitarbeiter in einem Unternehmen gearbeitet hat, in dem dieser Grundsatz berücksichtig wurde, möchte das nicht mehr missen.

Es geht nicht darum, ein privates Kaffeekränzchen zu initiieren. Vielmehr sollten Sie ein echtes Interesse für die kleinen privaten Dinge, die in den Beruf hineinspielen, aufbringen und dem Mitarbeiter Gelegenheit geben, darüber mit Ihnen zu sprechen.

6. Gibt es bei der Arbeit jemanden, der mich in meiner Entwicklung unterstützt und fördert?

Ihr Job als Teamleiter besteht unter anderem darin, Ihren Mitarbeitern die Chance zu geben, sich weiterzuentwickeln. Das muss nicht immer die bezahlte externe Schulung sein, sondern Sie können dies auch tun, indem Sie neue herausfordernde Aufgaben stellen und die Mitarbeiter bei der Bewältigung begleiten.

Jede Möglichkeit, Ihre Mitarbeiter zu coachen und ihnen aufzuzeigen, wie sie ihren Job noch besser, effizienter und kostengünstiger machen können, sollten Sie wahrnehmen. Vermitteln Sie dabei das Gefühl, dass Sie da sind, um Ihre Mitarbeiter zu unterstützen, und vermeiden Sie die Attitüde „Ich kann es sowieso besser als Du und zeige Dir, wie es geht".

7. Habe ich den Eindruck, dass bei der Arbeit meine Meinungen und Vorstellungen zählen?

Menschen wollen wichtig genommen werden, Ihre Mitarbeiter ebenfalls. Nutzen Sie also auch deren geistige Kapazitäten. Hören Sie zu, wenn Ihnen Mitarbeiter Vorschläge für Verbesserungen machen oder Änderungswünsche äußern. Im ersten Augenblick hören sich diese oft wenig durchdacht oder sogar abstrus an. Aber wenn Sie mit echtem Interesse zuhören, werden Sie erkennen, dass vielleicht doch die eine oder andere gute Idee dahintersteckt und Sie mit ein paar Änderungen etwas Gutes schaffen können.

Selbst wenn Sie die Idee dann nicht umsetzen können, werden Ihre Mitarbeiter merken, dass Sie sich ernsthaft mit ihren Vorschlägen auseinandersetzen. Es wirken eben manchmal Umstände entgegen, die Sie nicht zu verantworten haben.

8. Geben mir die Ziele und die Unternehmensphilosophie meiner Firma das Gefühl, dass meine Arbeit wichtig ist?

Bei dieser Frage sind wir jetzt scheinbar ganz weit weg von dem täglichen Geschäft eines neuen Teamleiters. Unternehmensphilosophie ist ja normalerweise das Thema der Geschäftsleitung. Aber nicht jedes Unternehmen hat eine Vision oder Philosophie. Und genau in diesem Fall kann es Ihre Aufgabe sein, Ihren Mitarbeitern den Sinn Ihres Teams oder Ihrer Abteilung und der gestellten Aufgabe zu vermitteln. Erst wenn Menschen das Gefühl haben, dass ihre Aufgaben, die sie tagtäglich ausführen, einen Sinn haben, können sie motiviert mit den Unwägbarkeiten eines Jobs umgehen.

Überlegen Sie sich, was der Sinn Ihres Teams ist. Welchen Beitrag leisten Sie für die Kunden des Unternehmens? Was würde passieren, wenn es Sie und Ihre Mitarbeiter nicht gäbe? Diese Fragen geben Ihnen eine Idee, wie die Vision für Ihr Team aussehen könnte.

9. Sind meine Kollegen bestrebt, Arbeit von hoher Qualität zu leisten?

Es ist erstaunlich, wie sehr das kollegiale Umfeld zur eigenen Motivation beitragen oder sie zerstören kann. Wenn Sie hochmotiviert sind, das Beste zu geben, und Kollegen oder Nachbarabteilungen zerstören Ihre Ergebnisse durch schlechte Arbeit wieder, entsteht schnell das Gefühl, gegen Windmühlen zu kämpfen. Über kurz oder lang wird Ihre Motivation sinken. Als Teamleiter sollten Sie keine demotivierten Mitarbeiter im Team dulden. Reagieren Sie darauf mit Gesprächen (siehe Feedback- und Kritikgespräch) oder in letzter Konsequenz mit Kündigung. Nichts wird die Motivation mehr zerstören, als wenn Sie schlechte Leistungen hinnehmen.

10. Habe ich innerhalb der Firma einen guten Freund?

In Unternehmen, in denen die Mitarbeiter sehr zufrieden sind, entstehen Freundschaften. Sie halten oft ein ganzes Leben lang, sogar wenn sich die beruflichen Wege durch Jobwechsel trennen. Diese Freundschaften entstehen durch das gemeinschaftliche Arbeiten an einer Idee (siehe Frage 8) und durch ähnliche Ansätze, seinen Job auszufüllen (siehe Frage 9). An dieser Stelle wird also eher gemessen, wie gut die anderen Kriterien für die Mitarbeiterzufriedenheit umgesetzt wurden.

11. Hat in den letzten sechs Monaten jemand in meiner Firma mit mir über meiner Fortschritte gesprochen?

Wir fühlen uns wohl, wenn sich andere für unsere Entwicklung interessieren. Als Teamleiter besteht Ihre Aufgabe darin, dafür zu sorgen, dass Ihre Mitarbeiter immer besser werden. Dazu gehört, dass Sie regelmäßig Gespräche mit Ihren Mitarbeitern über deren Fortschritte führen. In vielen Firmen werden Mitarbeiter wie „Erfüllungsgehilfen" behandelt. Es wird vergessen, dass Mitarbeiter ihre Leistungen steigern, mehr Aufgaben übernehmen und damit einen wichtigen Beitrag leisten können.

12. Hatte ich bei der Arbeit bisher die Gelegenheit, Neues zu lernen und mich weiterzuentwickeln?

Diese Frage hängt eng mit der vorhergehenden zusammen. Hier geht es darum, den Mitarbeitern immer wieder neue Herausforderungen zu stellen und dafür zu sorgen, dass zum Alltagstrott immer wieder spannende Aufgaben hinzukommen. Wir müssen aufpassen, dass gar nicht erst das Gefühl der Routine und damit vielleicht auch Langeweile aufkommt. Sie als Teamleiter können immer dafür sorgen, dass Ihre Mitarbeiter neue Herausforderungen annehmen, zum Beispiel indem Sie auf Fragen Ihrer Mitarbeiter mit Vertrauen reagieren. Sagen Sie ihnen, dass sie selbst Entscheidungen im Sinne des Teams oder des Unternehmens treffen sollen.

Das sind also die zwölf Fragen, mit denen die Mitarbeiterzufriedenheit in Unternehmen untersucht wurde. Sie haben bestimmt erkannt, dass Sie selbst auf unterster Führungsebene einiges bewirken können. Im Übrigen hat die Gallup-Studie ergeben, dass der direkte Vorgesetzte der Mitarbeiter ganz entscheidenden Einfluss auf die Zufriedenheit hat. Einige der untersuchten Unternehmen waren sehr stark strukturiert, in ihnen waren jeder Prozess, viele Kleinigkeiten durch Arbeitsanweisungen geregelt. In einem davon stellte man fest, dass eine Filiale sehr viel bessere Ergebnisse erwirtschaftete als die andere. Dies führten die Unternehmer schlicht auf „regionale Umstände" zurück. Während der Gallup-Studie ergab sich jedoch, dass die Filiale, deren Mitarbeiter zufriedener waren, erfolgreicher war. Anschließend tauschte man die Filialleiter aus und siehe da, nach ein paar Monaten hatten sich die Verhältnisse umgekehrt. Daraus wurde geschlossen, dass der Erfolg einer Einheit im Wesentlichen vom Führungsstil des jeweiligen Vorgesetzten abhängt.

Vieles von dem, was Sie an dieser Stelle erfahren haben, finden Sie bei der konkreten Umsetzung der Führung in den anderen Teilen des Buches wieder. Der Sinn dieses Abschnitts besteht darin, Ihnen einen übergeordneten Rahmen zu geben, der Ihnen für die Zusammenarbeit mit Ihren Mitarbeitern Sicherheit geben soll, das Richtige zu tun.

Doch um sich selbst und Ihr Team optimal zu motivieren beziehungsweise der Demotivation entgegenzuwirken, müssen Sie zunächst sich selbst und Ihre Kompetenzen kennen. Ermitteln Sie nun Ihr persönliches Kompetenzprofil als Teamleiter. Benutzen Sie dieses Instrument für sich im Sinne von „Stärken stärken und Schwächen schwächen".

Zeichnen Sie zunächst Ihr Profil für sich. Bitten Sie dann jemanden, der Sie gut kennt, Ihr Profil zu entwerfen, und vergleichen Sie danach die beiden Versionen. Bei Differenzen zwischen dem Selbst- und dem Fremdbild bitten Sie Ihren Partner um ein Gespräch. Je stärker die Profilausprägung nach rechts tendiert, desto mehr eignen Sie sich zum Teamleiter.

CD-ROM **KOMPETENZPROFIL** **TABELL**

Kompetenzbereich	Profilausprägung						
	Schwach ... bis ... stark						
Soziale Kompetenz							
Erkennen von Problemen und Gefühlen anderer	❑	❑	❑	❑	❑	❑	❑
Berücksichtigung von Bedürfnissen anderer	❑	❑	❑	❑	❑	❑	❑
Eigene Wirkung auf andere realistisch einschätzen	❑	❑	❑	❑	❑	❑	❑
Kontaktfähigkeit							
Von sich aus auf andere zugehen, Gespräch suchen	❑	❑	❑	❑	❑	❑	❑
Ziele, Absichten, Methoden offen legen	❑	❑	❑	❑	❑	❑	❑
Anbieten von Beratung	❑	❑	❑	❑	❑	❑	❑
Anderen Vertrauen entgegenbringen	❑	❑	❑	❑	❑	❑	❑
Kooperationsfähigkeit							
Aufgreifen von Meinungen und Ideen anderer	❑	❑	❑	❑	❑	❑	❑
Bei Schwierigkeiten helfen	❑	❑	❑	❑	❑	❑	❑
Erfolgserlebnisse mit anderen teilen	❑	❑	❑	❑	❑	❑	❑
Integrationsfähigkeit							
Definition von Spielregeln	❑	❑	❑	❑	❑	❑	❑
Ausrichten unterschiedlicher Interessen auf ein Ziel	❑	❑	❑	❑	❑	❑	❑

Erkennen von Konflikten, Lösungen anstreben	❑	❑	❑	❑	❑	❑	❑
Eingehen auf andere, ohne eigene Ideen aufzugeben	❑	❑	❑	❑	❑	❑	❑
Kommunikationsfähigkeit							
Informationen an andere weitergeben	❑	❑	❑	❑	❑	❑	❑
Keine wichtigen Informationen zurückhalten	❑	❑	❑	❑	❑	❑	❑
Zuhören, andere nicht unterbrechen	❑	❑	❑	❑	❑	❑	❑
Sich Zeit nehmen für das Gespräch	❑	❑	❑	❑	❑	❑	❑
Selbstkontrolle							
Nicht aggressiv reagieren	❑	❑	❑	❑	❑	❑	❑
Nicht laut werden	❑	❑	❑	❑	❑	❑	❑
Keine Spannung/Aggression erzeugen	❑	❑	❑	❑	❑	❑	❑
Ausgeglichene, vorhersehbare Stimmungslage	❑	❑	❑	❑	❑	❑	❑
Kommunikationstechniken							
Fähigkeit zu visualisieren	❑	❑	❑	❑	❑	❑	❑
Fähigkeit zu moderieren	❑	❑	❑	❑	❑	❑	❑
Repräsentieren und rhetorisch überzeugen	❑	❑	❑	❑	❑	❑	❑
Verhandlungstechniken beherrschen	❑	❑	❑	❑	❑	❑	❑

(Dieser Test ist dem Taschenguide „Teams führen" von Wolfgang Krüger entnommen.)

Manchmal ist es sehr schwer, sich selbst oder andere für die unterschiedlichsten Aufgaben zu motivieren – sei es, dass es darum geht, die Steuererklärung zu machen, dreimal die Woche zu joggen, einem Kunden eine „schlechte" Nachricht zu überbringen oder eine unangenehme Aufgabe zu erledigen. Zu einem anderen Zeitpunkt fällt es Ihnen dagegen leicht, genau diese Aufgaben anzupacken.

Ihre Motivation hängt nämlich nicht von der Aufgabenstellung selbst ab, sondern davon, wie Sie diese wahrnehmen. Der eine ist motiviert und bewältigt die gestellten Aufgaben schnell und zügig, während der andere sie vor sich herschiebt, sie aussitzt oder in letzter Minute erledigt. Woher kommen diese unterschiedlichen Motivationslagen? Welche Mechanismen sind innerhalb der Persönlichkeit dafür verantwortlich, dass man entweder zögert oder gleich loslegt?

Welche Motivatoren kann ich einsetzen?

Wenn Sie neu in Ihre Position kommen, werden Sie in den ersten Gesprächen mit Ihren Mitarbeitern eventuell zu hören bekommen: „Wenn ich eine modernere Arbeitsplatzausstattung, ein höheres Einkommen oder bessere Sozialleistungen hätte, dann wäre ich motivierter." Die Gefahr für Sie besteht darin, Zugeständnisse zu machen, die Ihre Mitarbeiter hoffen lassen, dass sich die Arbeitsbedingungen ändern werden. Passiert dies nicht, werden Sie genau das Gegenteil erreichen. In der Motivationstheorie nach Frederick Herzberg zählen die Arbeitsbedingungen nicht zu den „Motivatoren", sondern zu den sogenannten Hygienefaktoren. Diese können zwar Unzufriedenheiten beseitigen, bewirken aber keine Leistungssteigerung.

Langfristig lenkt die Verbesserung der Arbeitsbedingungen nur den Blick auf neue Kritikpunkte und provoziert den Wunsch, es noch bequemer haben zu wollen. Werden zum Beispiel in einer Firma größere und bessere Firmenwagen zur Verfügung gestellt, gibt es immer noch Mitarbeiter, die eine noch komfortablere Ausstattung erwarten. Zufriedenheit am Arbeitsplatz erlangen Ihre Mitarbeiter nur durch die Motivatoren. Das sind unter anderem Erfolg, Anerkennung, die Arbeit an sich, Verantwortung, Aufstiegschancen und Weiterentwicklung.

Wichtig: Machen Sie keine Zugeständnisse oder Zusagen bezüglich der Arbeitsbedingungen, bevor Sie nicht sicher sind, dass Sie sie erfüllen können. Natürlich sollen Sie sich für Ihre Mitarbeiter einsetzen, wenn Unzufriedenheit wegen schlechter Arbeitsbedingungen vorherrscht. Erwarten Sie nach den Verbesserungen aber keine Wunder in Bezug auf die Leistungsbereitschaft Ihrer Mitarbeiter.

Wie funktioniert Motivation?

Stellen Sie sich vor, Sie sehen jemanden joggen! Welche Motive könnte die Person für dieses Verhalten haben?

- Freude am Laufen

- Gewichtsreduktion

- Gesundheitsvorsorge

- Vorbereitung auf einen Wettkampf

- Ausführung einer ärztlichen Anweisung

- Stressabbau

- Flucht vor der Familie

Das Verhalten kann unterschiedliche und auch mehrere Motive haben. Motivation bewirkt, dass durch ein bestimmtes Verhalten die Zielvorstellungen verwirklicht werden können. Wenn Sie die Zielvorstellungen Ihrer Mitarbeiter kennen, sind Sie in der Lage, sie deutlich einfacher zu motivieren. Bei den Motiven des Joggers können Sie zwei grundsätzlich verschiedene Kategorien unterscheiden: Es sind einerseits Motive, die etwas erreichen (hin zu), andererseits Motive, die etwas vermeiden wollen (weg von).

Wie überall im menschlichen Verhalten gibt es weder Schwarz noch Weiß. Häufig entsteht Motivation durch eine Kombination von Anreizen. Manche Ihrer Mitarbeiter gehören eher zu der Kategorie „hin zu". Sie lieben die Tätigkeiten an sich, probieren häufig neue Wege aus und fühlen sich so richtig wohl, wenn sie sich auf etwas Schönes oder Gutes zu bewegen. Andere wiederum sind eher auf Sicherheit bedacht, sehen überall Gefahren und sind damit beschäftigt, bedrohliche Situationen zu umschiffen. Diese Mitarbeiter gehören zur Kategorie „weg von". In den meisten Fällen werden Sie bei Ihren Mitarbeitern jedoch eine Kombination aus den unterschiedlichsten Motivationsrichtungen feststellen.

Stellen Sie sich vor, Sie gehen allein in eine Bar und sehen eine entzückende Person, die offensichtlich ebenfalls ohne Begleitung ist. Was geht jetzt in Ihnen vor? Welche Ihrer inneren Vorstellungen bringt Sie dazu, zu der Person zu gehen und sie anzusprechen? Oder welche Vorstellungen halten Sie davon ab? Sie könnten sich abhalten lassen, weil

- Sie sowieso immer Pech haben,

- Sie sich vorstellen, eine Abfuhr zu bekommen,

- Sie in solchen Situationen öfter einen Korb bekommen haben,

- Sie fürchten, dass andere Menschen in der Bar die Zurückweisung mitbekommen und Sie schadenfroh anschauen,

- Sie sich in Ihrer jetzigen Situation wohlfühlen.

Diese vorgestellten Gründe könnten dafür sorgen, dass Sie sich motiviert fühlen, weiterhin Ihr Bier allein zu trinken. Auf der anderen Seite könnten Sie durch folgende Vorstellungen angeregt werden, die betreffende Person anzusprechen:

- Sie stellen sich vor, wie schön es sein könnte, eine neue Bekanntschaft zu machen.

- Sie freuen sich auf ein anregendes, interessantes Gespräch.

- Sie stellen sich vor, wie schön es wäre, einen netten Abend zu zweit zu verbringen.

- Sie stellen sich vor, einen neuen Partner fürs Leben/für einige Zeit/für eine Nacht zu finden.

- Sie fühlen, wie schrecklich es sein wird, einsam einen langweiligen Abend zu verbringen.

Wenn Sie sich einmal die unterschiedlichen Szenarien vor Augen halten, werden Sie feststellen, dass es auf beiden Seiten, auf der des Verharrens und auf der des Tuns, zwei Motivationsrichtungen gibt.

- Verharren: weg von Pech, Abfuhr, Schadenfreude hin zu Sicherheit und Gewohnheit

- Tun: weg von Langeweile, Einsamkeit hin zu Bekanntschaft, nettes Gespräch, neue Partnerschaft

Je plastischer und detailreicher zum Beispiel die Vorstellung der Schadenfreude der anderen anwesenden Gäste bei einer Abfuhr ausfällt, desto geringer wird die Motivation, den ersten Schritt auf die andere Person zu zu tun. Sich diese Art von Vorstellungen zu machen ist normalerweise ein Vorgang, der unbewusst abläuft und auf Erlebnisse in Ihrer Vergangenheit zurückgeht.

Wenn Sie sich dieser Tatsache bewusst sind, ist es Ihnen möglich, Ihre Vorstellungen in eine bestimmte Richtung zu beeinflussen. Sie haben die Möglichkeit, andere Bilder zu erzeugen. Und hier können Sie an vier verschiedenen Stellen ansetzen, nämlich beim Verharren – „weg von"/„hin zu" und beim Tun – „weg von"/„hin zu". Und so können Sie Ihre Vorstellungen verändern:

- Ihre ursprüngliche Erwartung: „Ich habe ja sowieso immer Pech!" können Sie verwandeln in „Ich hatte auch schon mal Glück.".

- Ihre ursprüngliche Vorstellung: „Ich bekomme sowieso eine Abfuhr!" können Sie in das Bild „Ich werde einen wunderschönen Abend verbringen" umwandeln.

Je intensiver Sie sich alles ausmalen, desto motivierender wird diese Vorstellung. Was genau werden Sie erleben, wenn Sie einen gemeinsamen Abend verbringen?

Lassen Sie Ihrer Fantasie hierbei freien Lauf. Der Trick besteht darin, das Verharren in Ihrer negativen Erwartung möglichst unattraktiv zu machen. Das gilt natürlich nicht nur für Sie selbst und für Situationen aus dem privaten Bereich, sondern auch für Ihre Mitarbeiter und für alle geschäftlichen Situationen.

Die Wertehierarchie

Ein weiterer Aspekt, den Sie bei der Motivation berücksichtigen müssen, ist die Wertehierarchie, die jedem menschlichen Verhalten zugrunde liegt. Eine der bekanntesten Werteabstufungen ist die sogenannte Bedürfnispyramide von Maslow:

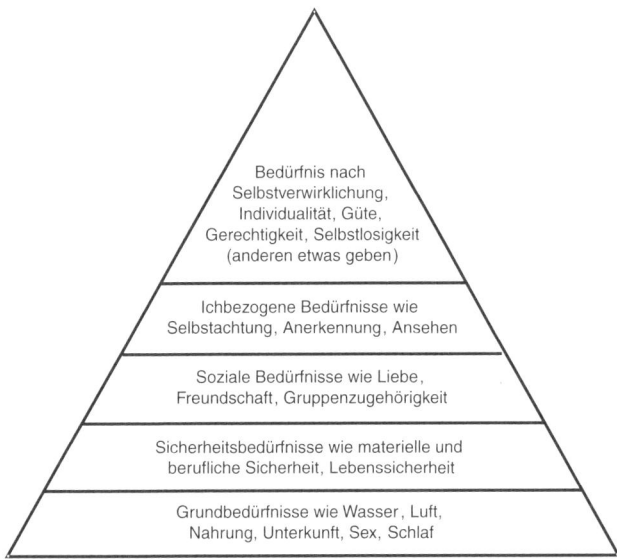

Die Theorie der Bedürfnispyramide sagt aus, dass die Motivation erst dann ein Bedürfnis aus der nächsthöheren Stufe zu befriedigen beginnt, wenn die Bedürfnisse der Stufen darunter ausreichend erfüllt sind. Vom Grundkonzept her ist das Modell der Bedürfnispyramide anwendbar, doch wenn es um einen Einzelfall von Mitarbeitermotivation geht, ist sie zu ungenau. Wenn Sie mit einem Mitarbeiter über eine konkrete Aufgabenstellung sprechen, für die Sie ihn motivieren wollen, kommen Sie nicht umhin, für genau diese Situation und für genau diesen Mitarbeiter die Wertehierarchie neu festzulegen.

Stellen Sie sich vor, Sie sind Vertriebsteamleiter und haben einen Mitarbeiter, der, was seine verkäuferischen Leistungen angeht, zurzeit eher Mittelmaß ist. Andererseits pflegt er zu wenig Außenkontakte zu Nichtkunden, um diese als potenzielle Kunden zu gewinnen. Da Sie festgestellt haben, dass der Mitarbeiter dann relativ gut ist, wenn er einem neuen Interessenten gegenübersitzt, nehmen Sie sich vor, mit ihm über seine Motivationslage bezüglich der Neukundenakquise zu sprechen und ihn dazu zu bringen, in Zukunft stärker am Markt aktiv zu werden. Wie könnte ein solches Gespräch ablaufen? Zu Beginn werden Sie etwas für die Gesprächsatmosphäre tun. Dann kommen Sie zum Thema.

 NACH DER AUFWÄRMPHASE

Setzen Sie immer bei der Selbsteinschätzung des Mitarbeiters an. „Herr F., ich hatte ja bereits angekündigt, dass wir uns über Ihre vertrieblichen Leistungen unterhalten wollen. Wie schätzen Sie zurzeit den Grad Ihrer Zielerfüllung ein?"

„Na ja, geht so, ich liege nur bei 60 Prozent dessen, was ich tatsächlich bis heute erreichen sollte."

Hier haben Sie einen ehrlichen Mitarbeiter, der sich richtig einschätzt. Häufig kommt es vor, dass die Mitarbeiter sich selbst etwas vormachen: „Ich habe zwar nur 60 Prozent, aber noch viele potenzielle Großkunden." Dann müssen Sie eventuell durch weitere Fragen diesen Selbstbetrug aufdecken: „Wie viele der bisherigen potenziellen Kunden sind Ihnen denn in der Vergangenheit verlorengegangen?"

 REALISTISCHE EINSCHÄTZUNG DER EIGENEN LEISTUNG

„Herr F., wo liegen denn aus Ihrer Sicht die Gründe für diese Situation?"

Auch hier gilt: Lassen Sie den Mitarbeiter die Situation selbst einschätzen: „Wie viele Kontakte, telefonisch oder persönlich, hatten Sie in der letzten Woche zu Nichtkunden?"

Wenn der Mitarbeiter ausweichend antwortet, können Sie mit einer gezielten Frage das Gespräch in die richtige Richtung führen: „Wenn Sie mal vergleichen, wie viele Kontakte Ihre Kollegen zu Nichtkunden haben, liegen Sie mit Ihren

Zahlen weit unter dem Schnitt. Und aus meiner Sicht ist das ein Grund für Ihren derzeitigen Leistungsstand. Wir haben ja gemeinsam schon einige Termine wahrgenommen, und dort habe ich Sie als guten, pfiffigen Verkäufer kennengelernt. Was würde es für Sie bedeuten, wenn Sie Ihr Jahresumsatzziel erreichen?"

Erst jetzt offenbaren Sie Ihrem Mitarbeiter, worum es Ihnen wirklich geht. Sie signalisieren, dass Ihnen an Ihrem Mitarbeiter etwas liegt, dass Sie mit ihm gemeinsam die jetzige Situation meistern wollen. Ihre abschließende Frage gilt der Wertehierarchie, und Sie können davon ausgehen, dass Ihr Mitarbeiter, sollte er mehrere Werte nacheinander nennen, damit gleichzeitig eine Hierarchie schafft. (Die wichtigsten werden von ihm zuerst genannt.) Sollte es bei ihm darum gehen, dass er mehr Geld verdienen möchte, fragen Sie ihn, was er damit anfangen, also was er sich für dieses Geld kaufen würde.

Diese Frage zielt auf das „Hin zu". Geld ist nur bedingt eine Motivation, es beruhigt lediglich. Da Sie die Werte erfahren wollen, die den Mitarbeiter motivieren, müssen Sie fragen, was das Geld für ihn bedeutet oder wofür er es einsetzen will. Das könnten unter anderen sein: Sicherheit, Macht, Freiheit, Flexibilität, Ansehen, Anerkennung, Status. Diese Werte wird er natürlich so nicht nennen, sondern beispielsweise sagen, dass er sich ein Haus kaufen möchte. Fragen Sie: „Angenommen Sie setzen Ihre jetzige Leistung weiter fort, was wird dann aus Ihrem Hauskauf?"

Diese Frage zielt auf das „Weg von". Sie können sie, je nach psychischer Konstitution des Mitarbeiters, weiter vertiefen: „Was wird Ihre Frau dazu sagen?" Diese Frage ist auf den ersten Blick ziemlich direkt. Da Sie jedoch nie selbst etwas behaupten, sondern Ihr Mitarbeiter alle Informationen geliefert hat, wird er das nicht als Angriff empfinden. Und falls doch, können Sie sich immer noch auf den Standpunkt stellen, dass Sie dem Mitarbeiter bei seiner Zielerreichung helfen wollen.

Je plastischer die Schilderungen des Mitarbeiters sind, desto motivierender werden sie für ihn sein. Sie können durch geschicktes Fragen zu unterschiedlichen Einzelheiten dafür sorgen, dass die Antworten sehr konkret ausfallen, und damit den motivierenden Effekt erlangen. Zum Beispiel: „Wie stehen Ihre Chancen innerhalb des Unternehmens, wenn Sie Ihr Ziel erreichen?"

Durch diese „Hin-zu"-Frage können Sie dafür sorgen, dass Ihr Mitarbeiter noch mehr Klarheit über die positiven Konsequenzen seines Verhaltens und damit seiner eigenen Ziele gewinnt. Fragen Sie ihn, was die Unternehmensleitung wohl dazu sagen würde, wenn er dieses Jahr tatsächlich mit 60 Prozent Zielerfüllung abschließen sollte. Damit wird Ihrem Mitarbeiter der „Weg-von"-Aspekt deutlich.

Nach der Frage: „Was würde Ihre Familie dazu sagen, wenn Sie am Jahresende nach Hause kämen und von Ihrem Erfolg berichten könnten?" können Sie unter Umständen die dazugehörige „Weg-von"-Frage gleich anschließen: „Wie würden Sie sich selbst fühlen, wenn Sie Ihr Ziel erreichen?"

Bis jetzt haben Sie sich nur mit dem „Tun" beschäftigt. Es ist sinnvoll, sich ebenso mit dem „Verharren" zu befassen, denn auch hier verbirgt sich ein Motivationspotenzial. Beginnen Sie so: „Aus welchem Grund akquirieren Sie nicht so intensiv wie möglich? Was hindert Sie daran?" Es wird sich herausstellen, dass es verschiedene Gründe dafür gibt. Sei es, dass er sich um seine bestehenden Kunden kümmern oder Reklamationen bearbeiten muss. Den wahren Grund wird er jedoch mit Sicherheit nicht nennen: Es ist der Frust, den er als Verkäufer bei Ablehnung empfindet.

 SUCHE NACH DEN HINTERGRÜNDEN FÜR DAS „VERHARREN"

„Herr F., sicherlich sind das alles wichtige Gründe, und wir sind uns darüber einig, dass die Neukundenakquise ein schweres, frustrierendes Geschäft ist. Wie gehen Sie mit dem Frust bei Ablehnungen um?"

Sie bauen dem Mitarbeiter eine Brücke, damit er mit Ihnen über die „wahren" Gründe sprechen kann. Mit ziemlicher Sicherheit wird Ihr Mitarbeiter auf das Thema „Frust" zu sprechen kommen.

Ihre Reaktion: „Was ich mich frage: Ist der Frust nicht größer, wenn Sie Ihr Jahresziel nicht erreichen?" – Ihr Mitarbeiter wird das bestätigen.

„Wie fühlen Sie sich, wenn Sie nicht akquirieren?"

So lautet die „Hin-zu"-Frage auf der Ebene des Verharrens. Das ist zwar nicht Ihr Ziel, doch die Informationen ermöglichen es, das Negative zu verstärken. Nun wird das „schlechte Gewissen" zur Sprache kommen.

DURCH PERSPEKTIVENWECHSEL ZUM „TUN"

„Klar, Sie sind Profi genug, um zu wissen, dass Sie so nicht weiterkommen. Haben Sie das schlechte Gewissen denn nur sich selbst gegenüber zu vertreten oder gibt es noch andere?" An dieser Stelle im Gespräch verstärken Sie das schlechte Gewissen Ihres Mitarbeiteres, um ein „Weg von" beim Aspekt des Verharrens zu erreichen.

„Wie würden Sie sich am Ende eines Arbeitstages fühlen, an dem es Ihnen gelingt, 20 Nichtkunden anzurufen und dabei insgesamt drei Gesprächstermine zu vereinbaren?"

Das ist die Frage, die den Mitarbeiter dazu bringt, an die positiven Seiten der bestandenen Herausforderung zu denken.

Jetzt können Sie mit Ihrem Mitarbeiter eine konkrete Zielvereinbarung treffen, in der Sie festlegen, wie viele Kontakte er pro Tag konkret machen muss. Achten Sie dabei auf die Kriterien der Zielvereinbarung, insbesondere auch auf den Plan des Mitarbeiters, wie er es schaffen will, seine Vorgaben zu erfüllen. Vereinbaren Sie kurze Feedback-Zyklen. Wenn er beispielsweise plant, vormittags zehn und nachmittags zehn Anrufe zu tätigen, legen Sie zumindest für die erste Woche zwei Kontrollen ein, eine mittags und eine abends. Wichtig ist, dass der Mitarbeiter seine Vorgabe konsequent einhält.

Ihre Aufgabe ist es, bei den kurzen Kontrollen jeweils nachzufragen, welche besonderen Situationen aufgetreten sind, um eventuell Tipps und Hilfestellungen geben zu können. Seien Sie hart, konsequent und gleichzeitig hilfsbereit.

Hüten sich jedoch davor, Ihrem Mitarbeiter Aufgaben abzunehmen. Ihre Hilfsbereitschaft beschränkt sich darauf, die richtigen Wege aufzuzeigen. Der Mitarbeiter muss erleben, dass, wenn er seinen Rhythmus konsequent durchzieht, seinem Erfolg nichts mehr im Wege steht. Sie müssen ihn über die frustrierende Phase hinwegbringen, bis er merkt, dass es viel zu ernten gibt, wenn er seinen Acker konsequent bestellt. (Weitere Hinweise und Beispiele zu Feedback-Gesprächen finden Sie im Kapitel „Wie führe ich Personalgespräche?".)

BEOBACHTEN SIE IHRE MITARBEITER BEIM GESPRÄCH

Bei allen Gesprächen, die zur Motivationssteigerung beitragen sollen, achten Sie darauf, ob das Verhalten Ihres Mitarbeiters sich in der Weise ändert, wie Sie es sich vorstellen. Wenn Sie mit Ihrem Gespräch nicht das erreichen, was Sie wollen, ist es wichtig, etwas anderes zu versuchen. Vermeiden Sie, eine Vorgehensweise, die keinen Erfolg gebracht hat, zu wiederholen. Auch beim zweiten Mal werden Sie das gewünschte Ziel nicht erreichen.

Ändern Sie Ihre Strategie. Dies kann darin bestehen, dass Sie die „Weg-von"-Fragen weglassen, weil sie auf diesen speziellen Mitarbeiter nicht motivierend wirken. Es könnte aber auch bedeuten, dass Sie bei einem anderen Mitarbeiter mehr dadurch erreichen, dass Sie stärker mit den negativen Konsequenzen drohen. Es gibt keine Patentlösung. Je variabler Sie in Ihrem eigenen Verhalten sind, desto besser kommen Sie mit den unterschiedlichen Charakteren in Ihrem Team klar.

Wie wirkt der kooperative Führungsstil auf die Motivation der Mitarbeiter?

Delegieren

In der Besprechung eines Physiotherapeutenteams wird darüber diskutiert, welche neuen Erkenntnisse beziehungsweise Entwicklungen es im Bereich der Elektrotherapie gibt. Einer der Therapeuten engagiert sich bei diesem Thema besonders. Da für das nächste Jahr noch Gelder vorhanden sind, beauftragt die Leiterin den Mitarbeiter damit, Angebote von den Firmen einzuholen und einen Vergleich vorzunehmen. Dadurch, dass ihm diese Aufgabe übertragen wird, können die folgenden Motive des Mitarbeiters angesprochen werden:

- Der Physiotherapeut kann die Aufgabe in eigener Verantwortung selbstständig durchführen.

- Sein Motiv nach Selbstbestätigung und Anerkennung wird dadurch angesprochen. Der Mitarbeiter identifiziert sich mit der Aufgabe und kann sich selbst mit seinen Vorstellungen einbringen.

Damit das Delegieren tatsächlich den gewünschten Effekt hat, ist es wichtig, dass Sie an die einzelnen Kriterien der Zielsetzung denken und diese in der Aufgabenbeschreibung berücksichtigen.

Transparenz der Führungsmaßnahmen

Durch eine Umstrukturierung innerhalb Ihrer Firma bekommt Ihr Team zusätzliche Aufgaben. Um diese zu verteilen, beraumen Sie eine Teambesprechung an und schildern die neue Situation. In der anschließend von Ihnen moderierten Besprechung erarbeiten Sie gemeinsam mit Ihren Mitarbeitern Lösungen, wie die neue Aufgabenverteilung umgesetzt werden soll. Durch die Information darüber, was von außen an Ihr Team herangetragen wurde, wird die Neugier der Mitarbeiter gestillt. Die anschließende Erarbeitung von Lösungen gibt jedem das Gefühl, dass er mit seinem Fachwissen gefragt ist. Jeder kann seine Meinung vertreten und hat damit die Möglichkeit, seinen eigenen Bereich selbst mitzugestalten. Dies verleiht Ihnen Ansehen.

Repräsentation des eigenen Teams

In der Besprechung stellen Sie fest, dass eine bestimmte Aufgabe nur mit erheblichem Aufwand durch Ihre Mitarbeiter erledigt werden kann, während ein „Nachbarteam" dies einfach mitmachen könnte. Sie nehmen die Informationen auf und vermitteln diese Ihrem Vorgesetzten so, dass dieser die Aufgabe umverteilt. Die Teammitglieder erkennen, dass Sie sich für ihre Belange und die der Gruppe einsetzen. Sie erkennen, dass Sie die Argumente aufnehmen und nach außen vertreten, dadurch fühlen Sie sich anerkannt und geborgen. Sie akzeptieren Kompromisslösungen und setzen sich für die Umsetzung der neuen Struktur ein.

Zielorientierte Kontrollen

Nach Umverteilung der Aufgaben, lassen Sie sich von Ihren Mitarbeitern berichten, wie sie mit der neuen Situation klarkommen und welche Besonderheiten es noch gibt. Jeder kann berichten wie er mit den neuen Herausforderungen umgeht. Dies gibt den Mitarbeitern das Gefühl, dass Sie anerkannt und gefordert werden. Bei eventuellen Fehlentwicklungen sind Sie in der Lage gegenzusteuern. Dies verleiht den Teammitgliedern das Gefühl von Sicherheit.

Die Beispiele zeigen deutlich, dass das Konzept der kooperativen Führung insgesamt einen motivierenden Charakter hat, weil es auf den verschiedenen Ebenen der Bedürfnispyramide die unterschiedlichsten Angebote bereithält. Damit ist die Chance sehr groß, dass Sie alle Mitarbeiter mit ihren individuellen Bedürfnissen treffen.

Wie gehe ich mit Konflikten in meinem Team um?

Sie müssen darauf vorbereitet sein, dass es gerade zu Beginn Ihrer Tätigkeit zu Konflikten kommen kann. Es ist möglich, dass Ihr Start vom Team unbewusst als Störung empfunden wird, denn allen ist klar, dass durch Sie Aufgaben, Strukturen und die Form der Zusammenarbeit geändert werden können. Allein dies bietet schon Konfliktpotenzial. Zudem kann es sein, dass es zusätzlich auch noch Vorbehalte gegenüber Ihrer fachlichen Kompetenz gibt. Da Sie das erste Mal in einer Führungsposition sind, kommt vielleicht noch dazu, dass Ihre Qualität als Manager angezweifelt wird.

Wenn Sie dann noch bedenken, dass es in Ihrem Team womöglich den einen oder anderen Mitarbeiter gibt, der sich selbst Chancen ausgerechnet hat, Ihre Stelle zu bekommen, wird deutlich, dass Sie – etwas übertrieben ausgedrückt – auf einem Pulverfass sitzen. Sie sollten sich auf jeden Fall bewusst machen, an welchen Stellen es ohne Ihr Zutun zu Konflikten kommen kann. Weiterhin müssen Sie berücksichtigen, dass innerhalb des Teams schon Konflikte existieren oder sich zumindest anbahnen, in die Sie nicht direkt involviert sind.

Was sind überhaupt Konflikte?

Zu Konflikten kommt es, wenn gegensätzliche oder unterschiedliche Interessen, Ziele oder Motive aufeinandertreffen. Sie können als Motor für Weiterentwicklungen fungieren, aber auch als deren Hemmschuh wirken. Es wird einerseits Konflikte geben, die Sie oder Ihr Team weiterbringen werden, und andererseits solche, die dafür sorgen, dass Ihre Arbeit für einen gewissen Zeitraum stagniert. Konflikte innerhalb von Firmen, Organisationen oder Teams können die Leistungsfähigkeit erheblich einschränken. In vielen Fällen werden endlose Gespräche darüber geführt, warum der wieder das gemacht hat, warum der mit dem zusammengluckt und so weiter und so fort.

Überlegen Sie einmal, wie viel Arbeitszeit durch solche Situationen sinnlos vertan wird. Extrem wird es, wenn die Konflikte nicht innerhalb der Abteilung bleiben, sondern auch nach außen wirken, im schlimmsten Fall sogar bis zum Kunden. Konflikte können sogar derart ausarten, dass keinerlei produktive Arbeit mehr geleistet wird.

Welche Konfliktarten gibt es?

Stellen Sie sich folgende Situation vor: Bevor der neue Chef seine Tätigkeit aufnimmt, hat eines der Teammitglieder dessen Arbeit ein halbes Jahr lang kommissarisch erledigt. Bekannt ist, dass dieser Mitarbeiter sich auch auf die Führungsposition beworben hat. In einer Besprechung stellt der neue Chef die bisher erreichten Ergebnisse des Teams vor und zieht daraus die Schlussfolgerung, dass sich die Arbeitsweise ändern muss. Der Vorgänger interveniert so heftig, dass es schließlich zu einer Auseinandersetzung kommt. Der Teamleiter beendet daraufhin das Meeting und lädt den betreffenden Mitarbeiter zu einem Gespräch ein.

- Wie wird sich dieser Konflikt auf das Verhalten des Mitarbeiters auswirken? Wahrscheinlich wird er nicht mehr mit dem gleichen Engagement wie vorher arbeiten.

- Wie wird es dem Teamleiter ergehen? Er ist mit dem Ziel angetreten, in seinem Einflussbereich etwas zu bewegen und zu verbessern. Da dies von seinem Vorgänger angezweifelt wird, sieht er vielleicht seine Pläne durchkreuzt.

Das Verhältnis zwischen dem Teamleiter und dem Mitarbeiter ist gestört. Jeder wird versuchen, seine Ansichten und Interessen durchzusetzen und dadurch dem anderen das Leben schwermachen. Dies wird sich auf die Gesamtleistung des Teams niederschlagen.

Der Zusammenhang zwischen beruflicher Leistung und Konflikten zwischen Vorgesetzten und Mitarbeitern kann man sich leicht mit einem Bild vorstellen. Es gibt zwischen zwei Menschen immer einen problemfreien Raum, also die Bereiche, in denen weitgehende Übereinstimmung besteht. Ebenso existiert aber der problembeladene Raum, in dem inhaltliche und emotionale Widersprüche angesiedelt sind. Abhängig davon, welcher der beiden Räume größer ist, kann man auf eine weitgehend konfliktfreie oder -reiche Zusammenarbeit schließen. Ihre Aufgabe als Teamleiter besteht darin, den problemfreien Raum so groß wie möglich zu halten, damit eine optimale Leistung Ihres Teams gewährleistet ist.

Um Konflikten vorbeugen zu können, müssen Sie sich über deren Ursachen klar werden. Im Beispiel mit dem Stellvertreter geht es auf den ersten Blick um einen sachlichen Grund. Die eigentliche Ursache liegt jedoch in der gestörten Beziehung zwischen dem Mitarbeiter und dem Teamleiter.

Versetzen Sie sich einmal in die Situation des Mitarbeiters. Stellen Sie sich vor, Sie haben nach dem Ausscheiden des Teamleiters das Team kommissarisch geführt und sich mit aller Energie für die Leistungen Ihrer Mitarbeiter eingesetzt. Sie haben sich auf die Stelle als Teamleiter beworben und müssen dann erfahren, dass ein Außenstehender die Stelle bekommen hat. Der analysiert als erste Aktion die Leistungen des Teams (also auch Ihre Arbeit des letzten halben Jahres) und stellt fest, dass aus seiner Sicht einiges verkehrt gelaufen ist. Auch Sie wären in diesem Fall emotional stark betroffen.

Welche Schlussfolgerungen lassen sich daraus ziehen? Es gibt Konflikte, bei denen der Konfliktgegenstand und die tatsächliche Konfliktursache übereinstimmen. Diese bezeichnet man als „echte" Konflikte. Konflikte, bei denen der Konfliktgegenstand und die Konfliktursache nicht übereinstimmen, sind demgegenüber „unechte" Konflikte.

Die echten Konflikte sind letztendlich einfacher zu lösen als die unechten. Da der Grund offen auf dem Tisch liegt, können Sie sich mit Ihrem Mitarbeiter in sachlicher Weise über den Konfliktgegenstand auseinandersetzen. Die Herausforderung bei den unechten Konflikten liegt darin, diese als solche zu erkennen. Wenn Sie sich immer nur mit dem Konfliktgegenstand beschäftigen, können Sie zwar eine vorübergehende Lösung finden. Da der Grund jedoch nicht ausgeräumt ist, wird es über kurz oder lang zu weiteren Auseinandersetzungen kommen.

Wie löse ich echte Konflikte?

Da Sie bei einem anstehenden Konflikt nie genau wissen, ob es sich um einen echten oder unechten handelt, sollten Sie, bevor Sie irgendwelche Maßnahmen treffen, überlegen, wo die eigentliche Ursache liegt.

 ÜBERERFÜLLUNG VON ZIELVORGABEN

Der Entwicklungsingenieur einer Firma entwickelt eine Komponente, die die technischen Spezifikationen übererfüllt.

Der Leiter der Entwicklungsabteilung weist darauf hin und bemängelt die zu hohen Kosten für das Teil. Daraus entwickelt sich eine Diskussion über die beste Lösung. Voraussetzung ist, dass es zwischen diesen beiden Personen kein unterschwelliges Konfliktpotenzial gibt. Der erste Schritt zur Konfliktlösung besteht darin, dass sich beide Parteien über die Zielsetzung einig sind.

Der Leiter fragt: „Welches Ziel verfolgten Sie bei der Entwicklung des XY?"

Der Entwickler wird vielleicht antworten: „Ich wollte eine hochwertige Lösung schaffen, mit der unsere Kunden langfristig zufrieden sind."

Der Leiter: „Das haben Sie mit Ihrer Entwicklung mit Sicherheit erreicht! Nur unser Ziel muss es doch sein, etwas zu entwickeln, das wir zu einem marktgerechten Preis anbieten können, damit uns unsere Kunden das Produkt auch abkaufen."

Damit ist klar, dass der Entwickler am Markt vorbeigeplant hat. An dieser Stelle ist es wichtig, weiterhin das Ziel im Auge zu behalten, um eine Ausweitung des Konflikts zu vermeiden. Die nächste Frage ist in diesem Fall: „Wie können Sie das Teil technisch so verändern, dass Sie 20 Prozent der Produktionskosten einsparen?" Damit steuern Sie wieder auf das Ziel zu, eine Entwicklung zu erhalten, die die Spezifikationen erfüllt und zu einem marktgerechten Preis angeboten werden kann. Im Sinne der kooperativen Führung delegieren Sie die Aufgabe erneut an Ihren Mitarbeiter. Sie lenken die Gedanken des Mitarbeiters auf die neue Lösung. Die Frage, die leider bei Konfliktsituationen am häufigsten gestellt wird, lautet: „Warum haben Sie ...?" – mit fataler Wirkung!

„WARUM HAST DU ..."

Mein achtjähriger Sohn spielt bei Hamburger Schmuddelwetter im Garten in der Sandkiste. Plötzlich fällt ihm ein, dass er noch unbedingt ein Auto aus seinem Zimmer braucht. Er läuft mit seinen dreckigen Gummistiefeln quer durch die frisch gewischte Küche über die Holztreppe nach oben, holt sein Auto und rennt wieder nach unten. Auf dem Weg nach draußen erwischt ihn meine Frau und meckert: „Warum hast du deine Gummistiefel nicht ausgezogen?" Welche Antwort bekommt sie? Keine! Das Einzige, was passiert, ist, dass mein Sohn sich kleinlaut nach draußen verzieht und sich die nächste halbe Stunde nicht mehr blicken lässt.

Der Schlüssel zur Konfliktvermeidung liegt in der Zukunfts- und Lösungs-orientierung Ihrer Fragen. Leider werden in Unternehmen viel zu viele Fragen in Richtung Vergangenheit gestellt. Häufig wird analysiert, wo der Grund für ein Fehlverhalten oder eine Fehlentscheidung zu suchen ist. Stellen Sie sich vor, der Leiter der Entwicklungsabteilung würde fragen:

- „Warum haben Sie sich nicht an die Spezifikationen gehalten?" oder

- „Warum müssen Sie immer wieder über das Ziel hinausschießen?" oder

- „Warum bekomme ich von Ihnen nie eine Produktentwicklung, die wir tatsächlich einsetzen können?".

Die Fragen nach dem „Warum haben Sie ...?" sind in keiner Weise produk-tiv und werden Ihnen keine Hilfe sein. Der Schlüssel zur Konfliktlösung liegt darin, dass Sie nicht nach dem Warum fragen, sondern „Wie errei-chen wir doch noch das Ziel?". Wenn Ihre Mitarbeiter sich rechtfertigen müssen, geht eine ganze Menge Energie, Kreativität und Zeit verloren, die besser in die Lösungssuche investiert werden sollte. Und die Stimmung im Team wird sehr viel besser werden, wenn Sie in schwierigen Situationen fragen: „Wie kommen wir dennoch ans Ziel?" oder „Welche Lösung fällt uns für diese Situation noch ein?". Der Schlüssel für alle sachlichen und echten Konflikte liegt in der Zielorientierung Ihrer Fragestellung. Klären Sie die Ziele und Sie halten auch kontrovers geführte Diskussionen auf einer sachlichen, konfliktfreien Ebene.

Wie löse ich unechte Konflikte?

Unechte Konflikte sind, wie erwähnt, solche, bei denen die Auseinandersetzung über einen Konfliktgegenstand geführt wird, der mit der eigentlichen Konfliktursache nichts zu tun hat. Das könnte auch bei Konflikten so sein, die mit Ihrem Antritt in der Firma zusammenhängen.

Sie haben einen Mitarbeiter, der sich selbst Chancen auf Ihren Posten ausgerechnet und wegen Ihnen den Kürzeren gezogen hat. Dadurch kommt es regelmäßig zu Auseinandersetzungen. Wie verhalten Sie sich in dieser Situation? Kommt es tatsächlich zu offenen Anfeindungen, sollten Sie in die Offensive gehen und das Gespräch mit dem Mitarbeiter suchen. Vereinbaren Sie einen Termin, bei dem Sie und Ihr Mitarbeiter ungestört miteinander sprechen können. Kündigen Sie gleich an, dass der Grund des Gesprächs die Art und Weise der Zusammenarbeit ist. Sprechen Sie die Schwierigkeiten direkt zu Beginn offen an.

 KONFLIKTGESPRÄCH MIT EINEM MITARBEITER

„Herr M., ich habe das Gefühl, dass unser Verhältnis zueinander nicht gerade das beste ist. Wie sehen Sie das?" Der erste Schritt besteht darin, die Sichtweise des anderen kennenzulernen. Nun gibt es zwei Möglichkeiten, wie das Gespräch weiter verlaufen kann: „Das sehe ich nicht so, ich finde, es ist alles in Ordnung."

Wenn Sie den Eindruck haben, dass diese Meinung nur vorgeschoben ist, konfrontieren Sie Ihren Mitarbeiter mit konkreten Situationen, und fragen Sie ihn, ob das seiner Meinung nach einem normalen Umgang entspricht. Danach müsste Ihr Mitarbeiter Ihnen eigentlich Recht geben: „Ja, da mögen Sie schon recht haben."

Der nächste Schritt ist lösungsorientiert. Sie fragen: „Was können wir tun, um unser Verhältnis zueinander zu verbessern?"

So signalisieren Sie, dass es Ihnen darum geht, ein gutes oder zumindest von Sachlichkeit gekennzeichnetes Verhältnis aufzubauen. Wenn Sie das Gespräch nicht zu lange hinausgezögert haben, kann der Mitarbeiter dieses Angebot nicht ablehnen. Sie werden sich wahrscheinlich nicht gleich in den Armen liegen, sondern in der nächsten Zeit zögerlich anfangen, Ihr Verhältnis neu zu definieren. Letztendlich wird Ihr Mitarbeiter aber froh sein, dass Sie den ersten Schritt getan haben, um die Situation zu verbessern.

STELLEN SIE LÖSUNGSORIENTIERTE FRAGEN

Die „Technik" bei der Lösung von unechten Konflikten besteht darin, im ersten Schritt auf der Meta-Ebene zu kommunizieren. (Wir unterhalten uns darüber, wie wir miteinander reden.) Anschließend stellen Sie lösungsorientierte Fragen. Fazit: Auch bei den unechten Konflikten hilft die Lösungsorientierung.

Wie vermeide ich Konflikte?

Da es oft schwierig und zeitaufwändig ist, Konflikte zu lösen, sollte Ihr Ziel darin bestehen, Konflikte zu vermeiden. Die wesentlichen Hilfen dazu bestehen in den Elementen der kooperativen Führung:

- Beteiligen Sie Ihre Mitarbeiter am Führungsprozess, indem Sie die Ziele, aber nicht die Wege vorgeben.

- Delegieren Sie Aufgaben, Befugnisse und Verantwortung.

- Machen Sie Ihre Führungsmaßnahmen transparent.

- Repräsentieren Sie Ihr Team nach innen und außen.

Wie löse ich Konflikte mit anderen Abteilungen?

Häufig kommt es vor, dass Ihre Mitarbeiter gut miteinander auskommen, es jedoch Ärger mit Kollegen aus anderen Teams gibt. Klassisch ist der

Konflikt zwischen dem Außen- und dem Innendienst. Da Ihre Mitarbeiter diesen Konflikt meist nicht selbst lösen können, werden sie in der Regel mit einer Beschwerde über die andere Abteilung zu Ihnen kommen, damit Sie die Situation klären. Bevor Sie mit Ihrem Teamleiterkollegen der Nachbarabteilung sprechen, sollten Sie sich von Ihren Mitarbeitern die Konfliktsituation detailliert schildern lassen und dann entscheiden, ob es sich um einen echten oder einen unechten Konflikt handelt.

Fragen Sie den betreffenden Mitarbeiter nach ähnlichen Konflikten in der Vergangenheit. Wenn er erzählt, dass er schon öfter mit dem Kollegen aus der anderen Abteilung „zusammengerasselt" ist, liegt es nahe, dass es sich um einen unechten Konflikt handelt. Sie sollten dann mit Ihrem Mitarbeiter überlegen, ob er selbst schon alle Wege der Konfliktlösung ausgeschöpft hat. Das bringt ihn dazu, selbst die Verantwortung für die Qualität des Verhältnisses zu übernehmen. Darüber hinaus können Sie anhand der Antworten überprüfen, ob der Mitarbeiter selbst überhaupt schon einmal versucht hat, die Beziehung zum betreffenden Kollegen zu verbessern. Ihr Ziel sollte sein, dass Ihr Mitarbeiter zunächst selbst versucht, den Konflikt zu regeln. Erst wenn Sie den Eindruck haben, dass der Mitarbeiter schon einige erfolglose Versuche unternommen hat, sollten Sie sich einschalten.

Falls Ihr Mitarbeiter noch nicht alle Möglichkeiten ausgeschöpft hat, sollten Sie ihm die Strategie vorschlagen, die unter „Wie löse ich unechte Konflikte" beschrieben ist. Sie können durchaus ein Gespräch simulieren, in dem Sie den Part des ungeliebten Kollegen spielen. So sind Sie in der Lage zu überprüfen, ob Ihr Mitarbeiter den richtigen Ton findet, und können noch den einen oder anderen Hinweis geben.

 BLEIBEN SIE IM HINTERGRUND

Vereinbaren Sie einen Termin, wann Sie sich treffen werden, um über das Ergebnis zu sprechen. Dies ist deshalb wichtig, weil Sie Ihrem Mitarbeiter zu verstehen geben: „Löse deine Herausforderungen selbst. Du kannst Tipps und Hilfestellung von mir erwarten, machen solltest du es aber selbst!" Sie bleiben im Hintergrund, signalisieren jedoch, dass Sie sich kümmern werden, wenn Ihr Mitarbeiter allein nicht mehr weiterkommt.

Wie sollten Sie dann vorgehen? Falls nicht bereits geschehen, sollten Sie sich einige der typischen Situationen, bei denen es zum Konflikt kommt, genau beschreiben lassen, um herauszufinden, was eventuell der Auslöser sein könnte. Anschließend sollten Sie sich mit Ihrem Teamleiterkollegen treffen und mit ihm die Situation der beiden Mitarbeiter besprechen.

Achten Sie bei der Verabredung für das Gespräch darauf, dass Sie alle unterschwelligen Schuldzuweisungen an den Mitarbeiter des Teamleiterkollegen vermeiden. Dies würde die Atmosphäre gleich zu Beginn belasten. Setzen Sie auf gute Stimmung und beschreiben Sie die Konfliktsituation ruhig und möglichst sachlich.

KONFLIKTLÖSUNG – GESPRÄCH MIT EINEM TEAMLEITERKOLLEGEN

„Herr B, ich möchte gern die Situation zwischen Ihrer Frau L. und meinem Herrn A. besprechen. Herr A. hat mir berichtet, dass es zwischen den beiden häufiger zu Auseinandersetzungen aus dem und dem Grund kommt. Ich möchte mit Ihnen in einem Treffen besprechen, wie wir die Situation der beiden verbessern. Ich habe dazu Herrn A. schon gründlich befragt, kenne also seine Version. Vielleicht können Sie vorab schon mit Frau L. sprechen, damit wir zu einer gemeinsamen Lösung kommen können. Passt es Ihnen Montag oder Dienstag?"

Das eigentliche Gespräch könnte so verlaufen: „Ich freue mich, dass wir die Gelegenheit nutzen, die Situation zwischen Herrn A. und Frau L. zu verbessern. Ich möchte vorab die Version von Herrn A. schildern, damit Sie sich einen Eindruck von seiner Sichtweise verschaffen können. Vielleicht stellen Sie anschließend die Sichtweise von Frau L. dar."

Nachdem Ihr Gegenüber die Version seiner Mitarbeiterin dargestellt hat, sollten Sie beide nach Möglichkeiten suchen, den Konflikt zwischen den beiden Beteiligten auszuräumen. Gehen Sie lösungsorientiert vor. Stellen Sie dabei die folgenden Fragen:

- „Wie können wir die Konfliktursache ausräumen?"

- „Welche Wege können wir den Mitarbeitern aufzeigen, damit neue Konflikte gar nicht erst entstehen?"

- „Wie können wir die Situation der beiden Mitarbeiter verbessern?"

- „Welche organisatorischen Maßnahmen können wir treffen, damit es nicht immer zu Reibereien kommt?"

Unterschiedliche Lösungen bieten sich an: Sie ändern das organisatorische Umfeld, indem Sie den Abstand zwischen den Mitarbeitern vergrößern oder den Arbeitsablauf so regeln, dass die Konfliktursache beseitigt wird. Diese Lösung ist im Sinne einer Weiterentwicklung der Fähigkeiten der Mitarbeiter jedoch weniger sinnvoll, weil sie ihnen die Möglichkeit lässt, Konflikten aus dem Weg zu gehen oder auf Lösungen von außen zu hoffen.

Sie vereinbaren ein Treffen zu viert, in dem Sie gemeinsam versuchen, die Konfliktsituation zu lösen. Dafür sollten Sie für beide Konfliktparteien eine gemeinsame Zielvorstellung entwickeln, wie diese in Zukunft miteinander umgehen wollen. Achten Sie darauf, dass beide Mitarbeiter das Zielkriterium als „aus eigener Kraft erreichbar" betrachten. Wird dieses Kriterium von einer Seite nicht erfüllt, werden Sie keine Lösung herbeiführen.

Wenn die Zielvorstellung geklärt ist, können Sie die Verhandlung, wie die Mitarbeiter das Ziel erreichen wollen, moderieren. Dabei hilft Ihnen die „Schule des Wünschens". In der „Schule des Wünschens" wird Ihren Mitarbeitern deutlich, wie Wünsche bezüglich des Verhaltens so vorgetragen werden, dass der andere diese erfüllen kann und dies auch gern tut: Sie fragen beide Konfliktpartner, was sie am Verhalten des anderen stört. Dann fragen Sie: „Ist es in Ordnung, wenn wir gemeinsam üben, wie Sie die Störung beseitigen können?" Fragen Sie, wer starten möchte, dem anderen Konfliktpartner signalisieren Sie, dass er danach sprechen darf.

Nachdem die Reihenfolge geklärt ist, fangen Sie mit der „Klage" des einen Mitarbeiters an, zum Beispiel: „Nie bekomme ich von Ihnen die Aufträge so, dass ich sie ohne Probleme bearbeiten kann." Verdeutlichen Sie dem Mitarbeiter, dass seine Art der Formulierung ungenau und auch verletzend ist, sodass er den andere Mitarbeiter demotiviert.

Ihr nächstes Ziel ist es, dass der Mitarbeiter seine Klage in einen Wunsch umformuliert, der positiv klingt und konkret ist: „Ich wünsche mir, dass Sie die Aufträge so ausfüllen, dass die Angaben leserlich sind." Achten Sie darauf, dass in der Formulierung keine Beziehungskiller enthalten sind wie:

- „Es wäre schön, wenn Sie endlich mal ..."

- „Sie sind immer ..."

- „Sie machen nie ..."

- „Wenn Sie doch wenigstens mal ..."

- „Sie sind immer gleich ..."

Nachdem Sie an der Formulierung des Wunsches mit dem einen Mitarbeiter so lange gefeilt haben, bis sie den genannten Kriterien entspricht, bitten Sie ihn, den Wunsch genau so an den Konfliktpartner weiterzugeben. Den Konfliktpartner fragen Sie: „Sind Sie bereit, den Wunsch zu erfüllen?" Vielleicht kommen Einwände vonseiten des Konfliktpartners, etwa:

- „Ich weiß nicht, wie ich dem Wunsch nachkommen soll."

- „Es gibt technische Schwierigkeiten im Ablauf."

- „Ich habe auch einen Wunsch."

Besprechen Sie diese Einwände so lange, bis ein Konsens hergestellt ist. Danach ist der andere Mitarbeiter dran, sich etwas zu wünschen. Zum Schluss vereinbaren Sie eine Probezeit für die neuen Verhaltensweisen. Die „Schule des Wünschens" ist eine einfache, zugleich jedoch effektvolle Möglichkeit, den Konfliktpartnern neue Wege im Umgang miteinander aufzuzeigen und so bestimmte Ursachen (gegenseitige Schuldzuweisungen und Vorwürfe) von Konflikten auszulöschen.

Wenn alle Stricke reißen: schnelle Krisendiagnose

Ein begleitendes Coaching ist die Luxusvariante, um ein Team in kritischen Situationen zu stabilisieren. Was aber geschieht, wenn alle Stricke reißen? Der Teamfrust nimmt zu, die Leistung sinkt und das Team weiß sich selbst nicht zu helfen. Bei der Schnelldiagnose hilft dann ein Teamfragebogen, mit dem fünf Problemdimensionen erfasst werden:

- Führung und Betreuung des Teams
- Organisation, Ziele und verbindliche Ordnung
- Qualifikation und Zusammensetzung
- Kooperation, Vertrauen und Loyalität
- Stellung des Teams in der Organisation

TEAMFRAGEBOGEN

	ja	nein
1. Wir sind nicht klar von anderen abgegrenzt.	☐	☐
2. Wir haben kaum Anerkennung von außen.	☐	☐
3. Das Leistungsniveau ist sehr unterschiedlich.	☐	☐
4. Die Qualität unserer Arbeit befriedigt nicht.	☐	☐
5. Wir verlieren leicht die Orientierung.	☐	☐
6. Die Zielsetzung für unser Team ist unklar.	☐	☐
7. Nach außen werden wir schlecht vertreten.	☐	☐
8. Es fehlen Spezialkenntnisse im Team.	☐	☐
9. Der Teamleiter agiert zu wenig situativ.	☐	☐
10. Unsere Absprachen sind sehr lau.	☐	☐
11. Unsere Diskussionen finden kein Ende.	☐	☐

12. Unsere Arbeit interessiert andere nur wenig. ☐ ☐

13. Es fehlt die Bereitschaft dazuzulernen. ☐ ☐

14. Es gelingt uns nicht, uns selbst zu steuern. ☐ ☐

15. Es fehlt an Methodenkompetenz. ☐ ☐

16. Im Team tut jeder, was er will. ☐ ☐

17. Wir klären die Beziehungen im Team nicht. ☐ ☐

18. Einige werden den Aufgaben nicht gerecht. ☐ ☐

19. Die Fähigkeit, Probleme zu lösen, ist gering. ☐ ☐

20. Andere haben keine hohe Meinung von uns. ☐ ☐

21. Es fehlt an Koordination. ☐ ☐

22. Neu ist der Name, alt sind die Strukturen. ☐ ☐

23. Es werden keine Entscheidungen gefällt. ☐ ☐

24. Es fehlt an Offenheit und Feedback. ☐ ☐

25. Wir haben keinen festen Zeitplan. ☐ ☐

26. Einige verfolgen ihre eigenen Ziele. ☐ ☐

27. Unser Team müsste erweitert werden. ☐ ☐

28. Wir tauschen uns kaum mit anderen aus. ☐ ☐

29. Als Team ziehen wir meistens den Kürzeren. ☐ ☐

30. Die Stellung in der Organisation ist unklar. ☐ ☐

31. Einige orientieren sich mehr nach außen. ☐ ☐

32. Die meisten halten sich sehr bedeckt. ☐ ☐

33. Wir sind nicht sehr effizient. ☐ ☐

34. Kreative Ideen werden schnell abgewürgt. ☐ ☐

35. Gäbe es uns nicht, würde es keiner merken. ☐ ☐

36. Einigen fehlt die Fähigkeit zur Teamarbeit. ☐ ☐

37. Erfolgskontrollen finden nicht statt. ☐ ☐

38. Es gibt keinen, der einem persönlich hilft. ☐ ☐

39. Es bilden sich Untergruppen und Intrigen. ☐ ☐

40. Der Teamzweck ist den meisten unklar. ☐ ☐

41. Unser Team ist einseitig ausgerichtet. ☐ ☐

42. Die Fluktuation ist zu groß. ☐ ☐

43. Die Ergebnisse werden nicht dokumentiert. ☐ ☐

44. Wir wissen sehr wenig voneinander. ☐ ☐

45. Konflikte werden nicht ausgetragen. ☐ ☐

46. Wir haben wenig Vertrauen in das Team. ☐ ☐

47. Uns fehlen klare Abläufe zur Orientierung. ☐ ☐

48. Manche Mitglieder reden kaum miteinander. ☐ ☐

49. Die Planung ist sehr unverbindlich. ☐ ☐

50. In der Organisation sind wir Exoten. ☐ ☐

So wird's gemacht

Jedes Teammitglied füllt für sich den Fragebogen aus. Im Auswertungs-schema finden Sie die Nummern der Fragen. Machen Sie bei all den Nummern ein Häkchen, die Sie mit Ja beantwortet haben, und tragen Sie deren Anzahl pro Zeile in das Summenfeld rechts ein.

AUSWERTUNG (CD-ROM) (TABELLE)

Problemdimensionen	Nummer der Frage	Σ
Führung/Betreuung des Teams	5, 7, 9, 11, 14, 16, 21, 23, 26, 38	
Organisation, Ziele, Verbindlichkeit	6, 10, 25, 33, 37, 40, 42, 43, 47, 49	
Qualifikation und Zusammensetzung	3, 4, 8, 13, 15, 18, 19, 27, 36, 41	
Kooperation, Vertrauen, Loyalität	17, 24, 31, 32, 34, 39, 44, 45, 46, 48	
Stellung des Teams in der Organisation	1, 2, 12, 20, 22, 28, 29, 30, 35, 50	
Führung/Betreuung des Teams	5, 7, 9, 11, 14, 16, 21, 23, 26, 38	

Die Auswertung erfolgt erst einzeln, dann werden die Ergebnisse aller Teammitglieder addiert. So erkennen Sie die Rangfolge der Probleme. In den Bereichen, in denen die meisten Fragen mit Ja beantwortet wurden, liegt der größte Handlungsbedarf. Je nach Brenzligkeit der Situation wird die Auswertung durch einen Coach oder vom Team selbst durchgeführt.

Ist der Mittelwert aller Angaben kleiner fünf oder fünf, kann ein offenes Gespräch Ihrem Team helfen. Ist der Mittelwert größer, gilt Folgendes.

1   Führungsdefizite: Eine Führungskraft oder ein Coach müssen einbezogen werden. Zu klären ist, ob Team und Teamleiter noch eine Chance zur Zusammenarbeit sehen oder nicht.

2   Organisationsdefizite: Auch hier ist vorrangig zu prüfen, ob die Teamleitung ihre Aufgaben wahrgenommen hat. Liegt das Schwergewicht der Nennungen bei der ersten und zweiten Dimension, ist das ein sicherer Hinweis darauf, dass der Teamleiter ausgewechselt werden muss.

3   Qualifikationsdefizite: In den ersten beiden Phasen der Teamentwicklung wurden Fehler gemacht. Es wurde darauf vertraut, dass die Qualifikationsdefizite ausgeglichen werden können. Möglicherweise müssen Teammitglieder ausgewechselt werden.

4   Kooperationsdefizite: Hier sollte geklärt werden, ob die Probleme aktuell aus besonderem Anlass entstanden sind oder bislang nur übersehen wurden. In beiden Fällen empfiehlt es sich, kurzfristig ein Teamtraining anzuberaumen.

5   Unzureichende Positionierung des Teams in der Organisation: Hier sind unter anderem die verantwortlichen Führungskräfte aufgefordert, die Schnittstellen des Teams innerhalb der Organisation zu klären und seinen Auftrag sowie seine Position gegenüber den anderen Teams deutlich zu machen.

Wie plane und leite ich Teambesprechungen?

Eine wichtige Aufgabe des Teamleiters ist die Informationsweitergabe an die Teammitglieder. Sie ist insbesondere bei folgenden Elementen des kooperativen Führens gefordert:

- Beteiligung am Führungsprozess

- Transparenz aller Anordnungen und Aufgabenstellungen

- Repräsentation des eigenen Teams

Hieraus können Sie entnehmen, dass Sie einerseits als Vortragender und andererseits als Moderator auftreten. Letzteres ist gefragt, wenn die Mitarbeiter in Meetings inhaltliche Aspekte darstellen. Häufig ergibt sich für Sie als Teamleiter auch eine Mischform aus Präsentation und Moderation. Da Besprechungen in vielen Fällen als eine Form von Zeitverschwendung empfunden werden, liegt es an Ihnen, eine gewisse Meetingkultur einzuführen. Diese sollte sowohl von Zielstrebigkeit als auch von Ergebnisorientierung geprägt sein.

ZIELE DER TEAMBESPRECHUNG

Legen Sie unbedingt bei der Vorbereitung Ihre Ziele fest, die Sie bei dem Treffen erreichen wollen. Ziele einer Teambesprechung können sein:

- Das Team von der Notwendigkeit bestimmter Maßnahmen zu überzeugen

- Das Team zu informieren

- Das Team zu motivieren eine bestimmte Aufgabe wahrzunehmen

In einer Teambesprechung richten sich Aufbau, Inhalte und Präsentationstechniken nach dem Ziel. Ihre Vorbereitung dient dem Zweck,

- sich mit den Details der fachlichen Aufgabe auseinanderzusetzen,

- Ihnen die Sicherheit zu geben, dass Sie die Besprechung souverän durchführen können,

- Ihnen Klarheit zu vermitteln

- Ihnen Ideen zu geben, wie Sie Unterlagen, Folien und Ähnliches aufbereiten sollen.

Wichtig ist auch, sich vorab genau zu überlegen, wer an den Besprechungen teilnehmen soll.

- Notieren Sie sich vor dem Weiterlesen drei bis vier Kriterien, die aus Ihrer Sicht für die Teilnahme wichtig sind.

- Lesen Sie anschließend die Checkliste.

- Wenn Sie einige Fragen nicht mit Ja beantworten können: Sind diese Fragen für Sie relevant?

- Überlegen Sie sich bei jeder Antwort mit Ja, ob Sie die Aufgabe auch ohne Besprechung lösen können, beispielsweise durch schriftliche Informationen oder Gespräche unter vier Augen.

MEETING

Eigenschaften der ausgewählten Teilnehmer	ja	nein
Jeder der Anwesenden hat eine dem Besprechungsziel dienende Funktion.	☐	☐
Jeder Teilnehmer weiß über die an ihn gestellten Anforderungen Bescheid.	☐	☐
Es braucht spezielles Wissen, das die Teammitglieder entweder mitteilen oder ich ihnen mitteilen werde.	☐	☐

Die Präsentation von Fakten, Informationen und Meinungen durch bestimmte Personen ist nötig, weil die Beschaffung auf anderem Weg zu viel Zeit in Anspruch nehmen würde.

☐ ☐

Die Koordination mit anderen Abteilungen ist erforderlich, weil diese Koordination sehr wichtig ist: Wer muss von diesen anderen Abteilungen dabei sein?

☐ ☐

Es nehmen nur solche Mitarbeiter an einer Besprechung teil, die selbst davon profitieren können und wollen und/oder eine klare Aufgabe in und/oder nach der Besprechung erfüllen. Aber: Wenn Mitarbeiter des Öfteren von Sitzungen mit informativem Charakter ausgeschlossen werden, entsteht Misstrauen. Die Teilnahme dient der Vertrauensbildung.

☐ ☐

Durch bestimmte Teilnehmer werden verschiedenste Zielsetzungen mit eingebracht. Diese wirken sich positiv auf die Dynamik der Besprechung aus.

☐ ☐

Mit den beteiligten Besprechungsteilnehmern werden eher Lösungen als Kompromisse erreicht. Es ist so, dass mehr Teilnehmer auch mehr Ergebnisse bringen.

☐ ☐

Es fallen Entscheidungen, die repräsentativ sind.

☐ ☐

Probleme werden durchdiskutiert – und nicht wegdiskutiert.

☐ ☐

Wichtige Punkte werden nicht vergessen/ignoriert, sondern angesprochen, obwohl das unbequem ist.

☐ ☐

Besprechungen sind eher konsistent bei Entscheidungen als Einzelbeschlüsse oder bilaterale Vereinbarungen.

☐ ☐

Ich schaffe Klarheit darüber, wer die Verantwortung für die Folgen
von bestimmten Entscheidungen trägt.   ☐   ☐

Mit allen Teilnehmern werden Entscheidungen deutlich
beschleunigt.   ☐   ☐

Die Sitzung ist eine wertvolle Zeit für alle Beteiligten.   ☐   ☐

Wie häufig mache ich eine Teambesprechung und wie bereite ich mich inhaltlich vor?

Üblich ist es, sich einmal pro Woche zusammenzusetzen. Abweichungen
davon ergeben sich aus den Aufgabenstellungen und Organisationsformen
des Team oder Ihrer Firma. Der Trend sollte dahin gehen, dass Sie sich lieber häufig und kurz treffen, als die Dauer der einzelnen Sitzungen auszu-
dehnen. Im Sinne der Konfliktvermeidung ist es außerdem sinnvoll, eine
besondere Situation in einem frühen Stadium anzusprechen, bevor sie für
alle zu einer Belastung wird. Erarbeiten Sie folgende Aspekte für die inhaltliche Vorbereitung:

- Themensammlung

- Zielsetzung zu jedem einzelnen Thema

- Erarbeitung möglicher Lösungen

Ein grundsätzliches Thema des ersten Treffens werden die Meetings selbst
sein. Hier besprechen Sie, wie Sie in Zukunft regelmäßige Mitarbeitertref-
fen planen. Vielleicht gibt es auch schon einige fachliche und organisatorische Themen, über die Sie sprechen wollen. Mein Vorschlag ist, dass Sie
sich die Themen notieren, die Ihnen im Lauf einer Woche einfallen. Es er-

gibt sich ja oft, dass durch die Frage eines Mitarbeiters oder eine außergewöhnliche Situation ein Klärungsbedarf entsteht. Derartige Probleme werden Sie sofort mit dem entsprechenden Mitarbeiter lösen. Sie müssen aber immer wieder entscheiden, ob dies für alle Mitarbeiter des Teams relevant ist und deshalb im Meeting noch einmal angesprochen werden soll. Es ist ermüdend für Ihr Team, wenn im Meeting lauter „Einzelschicksale" behandelt werden, also Probleme, die nur einen Mitarbeiter betreffen. So etwas sollten Sie bewusst ausklammern, solange keine Relevanz dieser Themen für das gesamte Team besteht.

WAS SIE IN EINEM MEETING NICHT VERGESSEN SOLLTEN

Bei dem wöchentlichen Meeting wird es immer einige Elemente geben, die Sie jedes Mal wieder abhaken müssen. Sei es,

- dass Sie über die Leistungen des Teams berichten (Umsatzzahlen, Produktionszahlen, Qualitätszahlen usw.),

- dass Sie steuernd eingreifen, wenn Sie und Ihre Team vom Ziel abweichen, oder

- dass Sie besondere Leistungen hervorheben.

Hinzu kommen Punkte, die sich in der Woche ergeben. Entscheiden Sie, mit welcher Zielsetzung Sie diese auf die Tagesordnung setzen wollen.

UMSTELLUNG DER SOFTWARE

Wenn das Thema „Umstellung auf SAP" lautet, bedeutet das noch nicht, dass jeder Beteiligte weiß, was nun besprochen werden soll. Ist das Thema,

- welche Schwierigkeiten bei der Umstellung auftreten können,

- wie die Kostenentwicklung positiv beeinflusst werden kann,

- wie die Mehrarbeit aufgefangen werden kann oder

- wie in Zukunft die Preislistenstruktur im SAP abgebildet werden kann?

Abhängig vom jeweiligen Thema müssen Sie für das Meeting ein konkretes Ziel vorgeben. Im oben genannten Beispiel könnte dies folgendermaßen lauten: Das Team legt die Maßnahmen fest, die erforderlich sind, um die Mehrarbeit bei der Umstellung auf SAP zu bewältigen.

Sie sollten sich vor dem Besprechungstermin schon Gedanken zur Aufgabenstellung machen, eine fertig durchdachte Lösung ist jedoch noch nicht gefordert. Das Meeting dient ja dazu, von Ihren Mitarbeitern weitere Informationen zu erhalten, die für das Thema wichtig sind und berücksichtigt werden müssen. So kann es passieren, dass sich eine andere Lösung ergibt, als die von Ihnen angedachte. Dies kann vor allem anfangs öfter vorkommen, da Sie noch nicht alle Aspekte kennen, die die Situation beeinflussen.

 SO BEREITEN SIE EIN MEETING INHALTLICH VOR

Zur inhaltlichen Vorbereitung gehört, dass Sie sich mit dem Thema eingehender beschäftigen.

- Fertigen Sie dazu zunächst eine Materialsammlung an, in der Sie alle Aspekte notieren.

- In einem zweiten Schritt beginnen Sie, die einzelnen Punkte zu gliedern und zu gewichten. Welche Aspekte gehören zum gleichen Themenkomplex? Was ist eher wichtig? Was kann vernachlässigt werden?

- Dann machen Sie sich Gedanken darüber, wie Sie die Themen in einer einführenden Kurzdarstellung präsentieren.

Mit einer solchen gründlichen gedanklichen Vorbereitung können Sie beruhigt in Ihr erstes Meeting starten.

Wie bereite ich ein Meeting organisatorisch vor?

Bei den organisatorischen Vorbereitungen sollten Sie folgendermaßen vorgehen: Sie laden Ihre Mitarbeiter schriftlich zum Meeting ein. Die schriftliche Einladung enthält:

- Zeit und Ort der Besprechung

- Themen und Ziele

- Veranschlagte Dauer

- Eventuell schriftliche Unterlagen zur Vorbereitung auf die Themen

Es empfiehlt sich, für Ihre Meetingkultur feste Regeln aufzustellen, an die Sie selbst und die Teammitglieder sich halten sollten.

- Besprechungen werden immer pünktlich begonnen und beendet!

- Störungen bei Meetings wie Anrufe, Unterbrechung durch die Sekretärin oder Ähnliches werden unterlassen!

- Mit der Einladung verteilte Unterlagen gelten bei allen Teilnehmern als bekannt und werden nicht nochmals präsentiert!

- Wir halten uns kurz und beschränken uns auf das Wesentliche.

- Wir lassen den anderen ausreden und hören ihm zu!

- Killerphrasen und Dominanzverhalten vermeiden wir!

- Bevor ein Sachverhalt zur Bewertung kommt, wird dieser zunächst nur beschrieben!

- Einmal von der Gruppe beschlossene Entscheidungen werden nicht nochmals infrage gestellt!

- Wer von der Gruppe eine Entscheidung möchte, muss einen entscheidungsreifen Vorschlag vorlegen!

Wenn wir anderen Feedback geben, halten wir uns an folgende Regeln:

- Wir beschreiben Beobachtungen, Eindrücke und Gefühle. Wir interpretieren nicht das Verhalten anderer!

- Wir sprechen nur von uns selbst, von dem, was wir beobachtet und empfunden haben!

- Wir beziehen uns auf konkrete Ereignisse und Handlungen, wir verallgemeinern nicht!

- Wir sprechen auch über positive Beobachtungen und Eindrücke, denn das macht es leichter, Kritik anzunehmen!

- Wir behandeln den anderen in Bezug auf unsere Wortwahl, Mimik und Gestik so, wie wir es auch für uns beanspruchen!

Wenn wir Feedback empfangen, verhalten wir uns folgendermaßen:

- Wir nehmen Rückmeldungen zunächst entgegen, auch wenn sie uns nicht gefallen!

- Wir hören nur zu und geben keine Erklärungen oder Rechtfertigungen ab, fragen jedoch nach, wenn wir etwas nicht verstehen!

- Wir lassen dies in Ruhe auf uns wirken und entscheiden selbst, wie wir darauf reagieren. Der Empfänger des Feedbacks entscheidet selbst, ob er etwas verändert oder es ignoriert!

- Wir bedanken uns für jede Rückmeldung. Wir teilen dem anderen mit, wie es in uns aussieht, und ermutigen ihn, uns auch weiterhin Feedback zu geben!

Diese Regeln stellen einen Anhaltspunkt dar. Sie können für Ihr Team eigene Vorgaben erarbeiten, was dem kooperativen Führen entsprechen würde.

Auf welche acht Punkte muss ich als Leiter eines Meetings achten?

1   Fragen statt sagen! Wenn Sie als Leitender die entsprechenden Fragen stellen, werden Ihre Mitarbeiter im Meeting selbst auf Lösungen kom-

men. Geht es dann um die Umsetzung der gefundenen Lösungen, werden Ihre Mitarbeiter sehr viel motivierter handeln, wenn es sich um ihre eigenen Ideen handelt.

2 Nicht gegen die Gruppe ankämpfen! Wenn Ihre Vorschläge keinen Anklang finden, stellen Sie wiederum Fragen! Zum Beispiel: Mit welcher Maßnahme erreichen wir unser Ziel?

3 Störungen im Klima des Teams nehmen Sie wahr und bearbeiten Sie. Diese haben Vorrang vor dem eigentlichen Sachthema. Solange sich Ihre Teammitglieder untereinander nicht verstehen, werden Sie mit den Sachthemen nicht weiterkommen. Nutzen Sie in solchen Situationen die in dem Kapitel „Wie gehe ich mit Konflikten in meinem Team um?" vorgestellt Meta-Kommunikation.

4 Unterscheiden Sie zwischen Wahrnehmungen, Vermutungen und Bewertungen. Legen Sie zunächst für alle die Reihenfolge fest: Beschreibung vor Bewertung. Wenn Ihre Mitarbeiter sich zu Wort melden, hinterfragen Sie, ob es sich um eine eigene Wahrnehmung des Kollegen handelt oder um eine Vermutung. Steuern Sie Ihre Mitarbeiter so, dass die Bewertung von Sachverhalten erst nach der genauen Beschreibung folgt.

5 Formulieren Sie während Meetings in der „Ich"-Form. Der Satz „Man analysiert erst und dann handelt man" ist für den Sprecher weniger verbindlich als der Satz „Ich analysiere erst und handle dann".

6 Beachten Sie nonverbale Signale! Sie erkennen an der Mimik und Gestik der Teilnehmer, ob sie Einwände oder Fragen haben. Sprechen Sie dies offen an. Wenn Sie es ignorieren, werden Sie mit Widerständen bei der Umsetzung einer Lösung rechnen müssen.

7 Die Teilnehmer sollen sich nicht dafür rechtfertigen, warum sie etwas Bestimmtes beitragen. Dies führt nur zu Schuldzuweisungen.

8 Beteiligen Sie alle am Lösungsprozess. Bremsen Sie die Übereifrigen und aktivieren Sie die Stillen.

Zur organisatorischen Vorbereitung gehört auch die Entscheidung, welche Arbeits-, Kreativitäts- und Moderationstechniken Sie in den einzelnen Phasen des Meetings einsetzen wollen.

Die folgenden Phasen laufen in jedem Meeting ab, egal um welches Thema es geht:

- Eröffnung und Herstellen eines guten Arbeitsklimas

- Thema benennen und kurz darstellen

- Ziel zum Thema vorstellen

- Erstellen einer Materialsammlung

- Festlegen der Reihenfolge, in der die verschiedenen Aspekte des Themas von der Gruppe bearbeitet werden

- Situationsanalyse und Finden von Lösungsansätzen

- Maßnahmenkatalog zur Verbesserung und zur Bewertung der aktuellen Situation ausarbeiten

- Festlegung: Wer tut was bis wann?

- Feedback

Eröffnung und Herstellen eines guten Arbeitsklimas

Schaffen Sie in der Phase zu Beginn, wenn die Mitarbeiter im Konferenzraum eintreffen, eine gelöste Atmosphäre. Sie eröffnen das Meeting zum festgelegten Zeitpunkt und sorgen von Anfang dafür, dass die gute Stimmung anhält. Falls der eine oder andere Mitarbeiter zu spät kommt, können Sie mit einer Geste andeuten, dass er sich still auf seinen Platz begeben und das Meeting so wenig wie möglich stören soll. Lassen Sie keine Rechtfertigungsarien vonseiten des Zuspätgekommenen zu, sondern vermitteln Sie, dass das Meeting bereits im Gange ist und Sie möglichst ungestört fortfahren wollen.

BEGRÜSSUNG DER MITARBEITER IN EINEM MEETING

„Hallo, ich freue mich, dass wir in guter Stimmung hier zusammengekommen sind, um heute für das Thema ... eine Lösung zu suchen." Oder:

„Ich freue mich auf einen angeregten, kreativen Gedankenaustausch und eine Lösung, die uns alle weiterbringt."

Thema benennen und kurz darstellen

Hier nennen Sie kurz das Thema, ohne schon irgendwelche Lösungsvorschläge vorwegzunehmen. „Unser Thema heute ist die Vorbereitung unserer Hausmesse, die am 25.03. stattfinden soll."

Ziel zum Thema vorstellen

In Ergänzung zur Nennung des Themas setzen Sie hier das Ziel für Ihr Meeting. Denken Sie an die Zielerfüllungskriterien.

- Formulieren Sie das Ziel positiv und konkret.

- Formulieren Sie die Ziele so, als ob Sie schon erreicht wären.

- Nennen Sie positive Gründe, warum Sie ein Ziel erreichen wollen.

ZIELVORSTELLUNG

„Unser Ziel für das heutige Treffen ist: Am Ende haben wir einen Überblick über die Aufgaben, die durch die Hausmesse auf uns zukommen, und wir haben festgelegt, wer was bis wann zu tun hat. Durch unsere gut Vorbereitung kann sich jeder auf seine Aufgabe konzentrieren und so die Messe erfolgreich planen."

Erstellen einer Materialsammlung

An dieser Stelle sollen Sie eine Materialsammlung erstellen oder bei zu lösenden Herausforderungen die Ursachen oder Probleme zusammentragen. Dazu können Sie auf Kreativitätstechniken zurückgreifen, die Ihnen helfen, die Themen zu finden und darzustellen.

So arbeiten Sie mit einer Mindmap

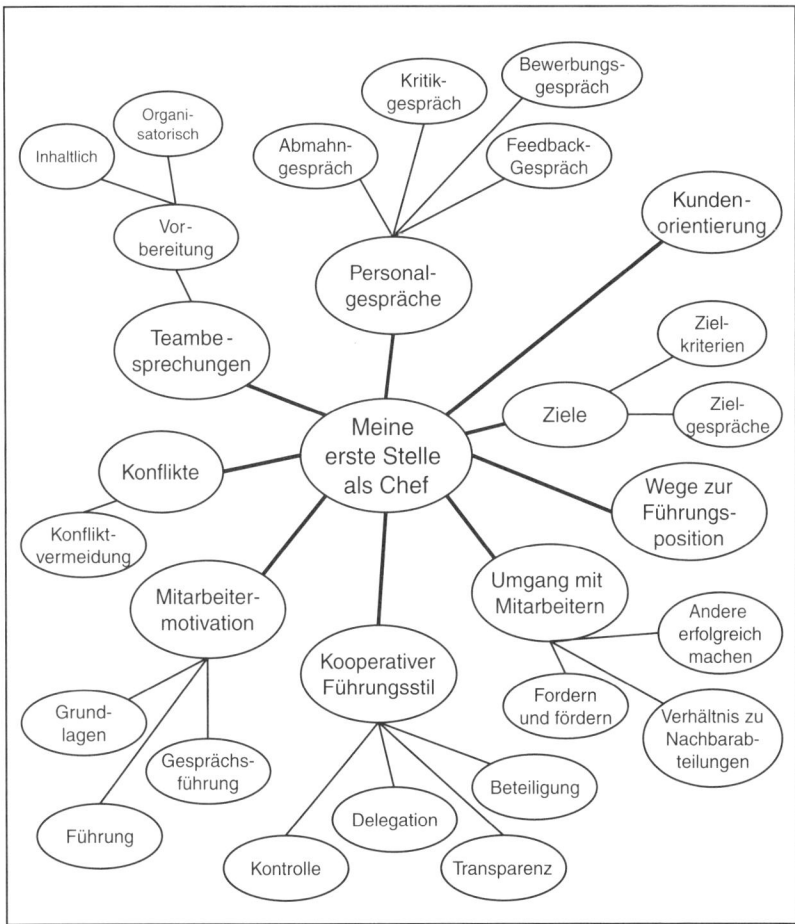

Eine Mindmap, wie sie hier zu sehen ist, stellt komplexe Zusammenhänge in den assoziativen Strukturen dar, in denen unser Gehirn arbeitet. Es werden einerseits gezeichnete Elemente genutzt, um Zusammenhänge darzustellen, andererseits halten Sie mit Stichwörtern und Symbolen die Inhalte fest. Mit Mindmaps können Sie das gesamte Meeting strukturieren und steuern.

VORTEILE VON MINDMAPPING

Mindmapping ist entwickelt worden, um komplexe Strukturen „gehirngerecht" zu erarbeiten und darzustellen. Sie können Mindmaps gemeinsam in der Gruppe entwickeln oder zunächst in paarweiser Zusammenarbeit auf einem DIN-A4-Blatt erstellen lassen, um die Ergebnisse anschließend zusammenzuführen. Da das Erarbeiten einer Mindmap leicht zu erlernen ist, können Sie sich einmal die Zeit nehmen, um den Mitarbeitern diese Methode zu erläutern und sie mit ihnen zu üben.

So arbeiten Sie mit einer Metaplanwand

Eine weitere einfache Technik ist das Sammeln einzelner Gedanken auf einer Metaplanwand mithilfe von Karten, die mit Nadeln an die Wand gepinnt werden. Dazu verteilen Sie an Ihre Mitarbeiter Kärtchen, auf die diese mit Filzschreiber stichpunktartig notieren, was Ihnen zu dem jeweiligen Thema einfällt. Jeder, der eine Idee hat, nennt diese und schreibt das Stichwort dann auf eine Karte. Sie als Moderator pinnen die beschrifteten Kärtchen an die Metaplanwand. Der Vorteil dieser Methode besteht darin, dass Sie relativ schnell die Karten zu übergeordneten Themenbereichen gruppieren können.

So arbeiten Sie mit einem Flipchart

Als dritte Technik können Sie ein Flipchart verwenden, auf dem Sie die Zurufe Ihrer Mitarbeiter zu einer Materialsammlung zusammentragen. Der Nachteil hierbei ist, dass Sie für eine Systematisierung der einzelnen Punkte alles noch einmal schreiben müssen.

Verdeutlichen Sie Ihren Mitarbeitern, dass es in dieser Phase von Bedeutung ist, schnell und zügig zu arbeiten, um die assoziativen Fähigkeiten des menschlichen Gehirns zu nutzen. Zunächst sollten Sie sich mit Fragen, Erläuterungen oder kritischen Äußerungen zu den aufgeführten Punkten zurückhalten, um den kreativen Prozess nicht zu unterbrechen, sondern ihn zu fördern. Die kritische Auseinandersetzung mit den einzelnen Beiträgen der Mitarbeiter folgt später.

Festlegen der Reihenfolge, in der die verschiedenen Aspekte des Themas von der Gruppe bearbeitet werden

Sobald die Materialsammlung komplett ist, können Sie damit beginnen, die Punkte zu strukturieren und zu übergeordneten Themenbereichen zusammenzufassen. Danach lassen Sie die Gruppe entscheiden, welches Thema zuerst bearbeitet wird. Hierfür eignet sich eine Punktabfrage, bei der jeder Mitarbeiter eine definierte Anzahl von Klebepunkten hat, die er nach seinen Prioritäten auf die Themen verteilt. Das Thema mit den meisten Punkten wird zuerst bearbeitet. Eine offene Abstimmung erfüllt denselben Zweck.

Situationsanalyse und finden von Lösungsansätzen

Nun wird der zu bearbeitende Aspekt von der Gruppe genau analysiert. Sie können die Erarbeitung mit den folgenden Fragestellungen steuern:

- Was genau umfasst dieser Punkt beziehungsweise was beinhaltet er?

- Was sind die Ursachen für diese Situation?

- Wie äußert sich diese Situation?

- Was können wir tun, um die Situation zu meistern?

- Was spricht möglicherweise dagegen?

- Welche Vorteile hätten wir durch die Lösung?

Maßnahmenkatalog zur Verbesserung und Bewertung der Situation ausarbeiten

Nachdem Sie die ersten Ansätze für Lösungen erarbeitet haben, konzentrieren Sie sich beim zweiten Schritt darauf, die einzelnen Maßnahmen und Lösungen zu bewerten. Dazu stellen Sie folgende Fragen:

- Welche Vorteile hat diese Lösung?

- Welche Nachteile ergeben sich daraus?

- Bei welcher Lösung haben wir den größten Gewinn?

Festlegung: Wer tut was bis wann?

Dies ist einer der wichtigsten Schritte, bei dem Sie mit dem Team genau klären, wer was bis wann zu tun hat. Es empfiehlt sich, zumindest diese Informationen schriftlich in einem Ergebnisprotokoll festzuhalten, um bei einer späteren Kontrolle feststellen zu können, ob alle auf dem richtigen Weg zum Ziel sind.

Feedback

Als letzten Schritt sollten Sie sich ein Feedback von der Gruppe einholen, wie das Meeting für die Teilnehmer gelaufen ist. Auch Sie sollten Ihren Mitarbeitern ein Feedback bezüglich der Mitarbeit und der vorherrschenden Stimmung beim Treffen geben. Bei allen Meetings müssen Sie immer entscheiden, wie weit Sie die Bearbeitung der einzelnen Punkte tatsächlich ausdehnen wollen.

In „kleinen" Meetings geht es sicherlich etwas weniger strukturiert zu. Sie sollten sich jedoch immer über Folgendes im Klaren sein: Je häufiger Sie die Regeln und Strukturen für das Meeting durchgesetzt und eingehalten haben, desto besser und effektiver werden die nächsten Meetings für alle Beteiligten ablaufen. Spätestens zu dem Zeitpunkt, wenn alle Mitarbeiter sich missmutig über zu häufige und zu zeitraubende Treffen beschweren, sollten Sie daran denken, die Regeln konsequenter anzuwenden, damit die Meetings effektiver werden.

Wie führe ich Personalgespräche?

Kommunikation ist ein wesentlicher Aspekt der kooperativen Führung. An dieser Stelle geht es um die Gespräche zwischen Ihnen als Teamleiter und einzelnen Mitarbeitern. Besprechungen, in denen mindestens drei Gesprächspartner anwesend sind, werden in dem Kapitel „Wie gestalte ich die konzeptionelle Planung richtig?" behandelt.

Und nun stellt sich die Frage: Wie steht es um Ihre kommunikativen Fähigkeiten? Finden Sie mit der folgenden Checkliste heraus, wie fit Sie auf diesem Gebiet sind.

CHECK   **PERSONALGESPRÄCHE**

Loten Sie Ihre kommunikativen Fähigkeiten aus

	ja	nein
Erlauben Sie sich, mit Ihren Gesprächspartnern offen und ehrlich zu kommunizieren?	☐	☐
Führen Sie Besprechungen stets mit einem festen Ziel durch?	☐	☐
Machen Sie sich vor einem Gespräch kurz Gedanken über die Kommunikationsbereitschaft Ihres Gesprächspartners?	☐	☐
Wählen Sie in einer Besprechung einen dem Partner angepassten Wortschatz?	☐	☐
Zeigen Sie dem Gesprächspartner offen Ihre emotionalen Reaktionen, auch wenn sich daraus Nachteile ergeben könnten?	☐	☐
Reservieren Sie bei Besprechungen genügend Zeit, und halten Sie die geplanten Zeiten ein?	☐	☐
Vermeiden Sie Formulierungen wie „Ja, aber ...", „Man sollte ...", „Man könnte ...", „Ja, ich habe geglaubt, dass ..."?	☐	☐
Führen Sie regelmäßig Besprechungen durch, und zwar nicht nur, um über Wichtiges zu informieren, sondern auch, um über Probleme und Lösungsmöglichkeiten zu sprechen?	☐	☐
Fördern Sie aktiv Fragen und Antworten?	☐	☐
Führen Sie regelmäßig Besprechungen durch, bei denen die erzielten Ergebnisse in einer Checkliste festgehalten und später kontrolliert werden?	☐	☐

Führen Sie regelmäßig Mitarbeiterbesprechungen durch, bei denen der tatsächlich erreichte Fortschritt mit den ursprünglich geplanten Zielen verglichen wird? ☐ ☐

Sind Sie für Ihre Mitarbeiter ansprechbar und ermuntern Sie diese, auf Sie zuzukommen? ☐ ☐

Halten Sie regelmäßig Besprechungen außerhalb der Firma ab, zum Beispiel in einem Restaurant oder in einem Hotel? Schaffen Sie dadurch eine entspannte Atmosphäre und die Bereitschaft zur offenen Diskussion von problematischen Themen? ☐ ☐

Führen Sie mindestens halbjährlich Mitarbeitergespräche auf einer formalen Grundlage durch, und machen Sie dabei Positives wie auch Negatives deutlich? ☐ ☐

Wenn es die Selbstständigkeit der Mitarbeiter gestattet: Diskutieren Sie Ihre eigenen Probleme und Anliegen mit diesen, und hören Sie sich Ideen und Kommentare an? ☐ ☐

Ermutigen Sie Ihre Mitarbeiter, situativ angebracht, Hilfe bei anderen Gruppen und Experten zu suchen, und fordern Sie sie auf, sich anderen zur Verfügung zu stellen? ☐ ☐

Bei wichtigen Veränderungen oder Schritten innerhalb der Firma: Rufen Sie alle Mitarbeiter zusammen, um ihnen die Gründe und möglichen Auswirkungen zu erklären? ☐ ☐

Informieren Sie die Mitarbeiter so früh wie möglich über wichtige Sachverhalte? ☐ ☐

Achten Sie bei Besprechungen auf die Umgebung und darauf, dass keinerlei Störungen und Unterbrechungen eintreten? ☐ ☐

Wenn Sie einen Vorgesetzten haben: Informieren Sie Kollegen über mögliche Auswirkungen für sie selbst, nachdem Ihr eigener Chef Ihnen Veränderungen in Ihrem Bereich mitgeteilt hat.　☐ ☐

Halten Sie Ihre Mitarbeiter auf dem Laufenden, wenn Entscheidungen anstehen, die möglicherweise ihren Bereich beeinflussen könnten?　☐ ☐

Führen Sie gelegentlich Brainstormingsitzungen durch, die Mitarbeiter zum Einbringen neuer Ideen ermutigen sollen?　☐ ☐

Kommunizieren Sie mit Ihren Mitarbeitern so viel wie möglich direkt mündlich – mehr als schriftlich?　☐ ☐

Verwenden Sie Begriffe wie „vertraulich" nur selten und ermutigen Sie Ihre Mitarbeiter, dies genauso zu handhaben?　☐ ☐

Wenn Ihnen zu Ohren kommt, dass sich die Mitarbeiter über ein Gerücht sorgen, von dem Sie wissen, dass es keine Grundlage hat: Sprechen Sie mit Ihren Mitarbeitern offen darüber?　☐ ☐

Wenn einer Ihrer Mitarbeiter etwas außergewöhnlich Gutes leistet: Gratulieren Sie ihm so schnell als möglich?　☐ ☐

Werden Sie auf dem Flur oder unterwegs von Mitarbeitern angesprochen und entwickeln sich für Sie lohnende Gespräche dabei?　☐ ☐

Ermutigen Sie Ihre Mitarbeiter bei einem Qualifikationsgespräch, sich frei über Ihre eigene Führungsleistung zu äußern (eventuell sogar mit einem eigens eingeführten standardisierten Verfahren)?　☐ ☐

Hören Sie geduldig zu?　☐ ☐

(Diese Checkliste wurde dem Taschenguide „Selbstmanagement" von Anita und Klaus Bischof entnommen.)

Auswertung (jede Antwort mit Ja ist ein Punkt)

25–29 Punkte: Gratuliere, Sie sind der perfekte Besprechungsleiter. Sie kommunizieren effizient mit allen Mitarbeitern in Ihrem Unternehmen. Damit wird ebenfalls deutlich, dass Sie nicht nur Vertrauen schenken, sondern auch empfangen.

15–24 Punkte: Sie kommunizieren zumeist effizient, haben aber noch einige Schwächen. Nehmen Sie sich heute diejenige Schwachstelle vor, die am leichtesten zu beheben ist, und arbeiten Sie an ihr.

6–14 Punkte: Sie werden intensiv an sich arbeiten müssen, bevor Sie effizient kommunizieren. Wahrscheinlich resultiert Ihr Verhalten aus einer eher vorsichtigen, unsicheren Einstellung. Diese bereitet Ihnen schon genug Probleme. Geben Sie den anderen und sich selbst eine Chance: Es ist Ihre Pflicht, Informationen, über die Sie verfügen, weiterzugeben, und nicht die Pflicht der anderen, diese bei Ihnen zu holen. Entspannen Sie sich, und sprechen Sie mit Ihren Mitarbeitern!

5 oder weniger Punkte: Ihre niedrigen Werte zeigen, dass Sie viel lieber allein in Ihrem Kämmerchen arbeiten, als Mitarbeiter zu motivieren und zu führen. Wann und wie werden Sie Ihre Einsiedelei beenden?

Eine Grundvoraussetzung für das Gelingen von Gesprächen ist die gute Atmosphäre zwischen den Teilnehmern. An dieser Stelle werden Ihnen Hilfsmittel vorgestellt, mit denen Sie es schaffen, auch bei persönlichen Angriffen den Überblick zu behalten und das Gespräch wieder auf eine sachliche Ebene zurückzuführen.

EIN UNSACHLICHES GESPRÄCH

Ein Abteilungsleiter ordnet einem Mitarbeiter an, sich jeden Abend bei ihm zu melden, um die Anzahl der am Tag gelaufenen Gespräche, Telefonate und Aufträge mitzuteilen.

Der Mitarbeiter antwortet: „Das ist ja wohl die totale Schikane, Sie sind ja völlig übergeschnappt!"

Der Abteilungsleiter daraufhin: „Wenn Sie nicht so ein fauler Knochen wären, wäre diese Maßnahme gar nicht nötig!"

Sie können sich vorstellen, dass bei diesem Verlauf eine Rückkehr zu einem sachlich geführten Gespräch so gut wie unmöglich ist. Doch wie hätte das Gespräch anders laufen können?

Der Abteilungsleiter sollte eine sogenannte Ich-Botschaft senden. Diese könnte folgendermaßen aussehen: „Durch Ihre Äußerung, ich sei übergeschnappt, fühle ich mich persönlich angegriffen. Aus dem Grund fällt es mir jetzt schwer, sachlich mit Ihnen weiterzudiskutieren." Dank dieser Ich-Botschaft wird der Mitarbeiter erkennen, dass seine Äußerung verletzend wirkt. Er kann sich entschuldigen, danach könnte das Gespräch auf sachlicher Ebene weitergeführt werden. Eine vollständige Ich-Botschaft beinhaltet folgende Elemente:

- Die Äußerung eines Sachverhaltes
  (... Ihre Äußerung, ich sei übergeschnappt ...")

- Die Schilderung der eigenen Gefühlslage
  („.... fühle ich mich persönlich angegriffen.")

- Die Darstellung der Konsequenz
  („.... fällt es mir jetzt schwer, sachlich mit Ihnen weiterzudiskutieren.")

Die Wirkung ist folgende:

- Die Ich-Botschaft stellt eine Selbstoffenbarung dar. Sie beinhaltet keinen direkten Angriff auf den Gesprächspartner und wird deshalb von diesem auch nicht so empfunden.

- Der Gesprächspartner erkennt, welche Wirkung seine Äußerung erzielt hat, und kann dann entscheiden, ob diese von ihm beabsichtigt war. Der Angreifende hat die Möglichkeit, sich von seinem Standpunkt zu entfernen und ohne Gesichtsverlust einen Rückzieher zu machen. Die Gesprächsatmosphäre wird sich entspannen.

- Die Ich-Botschaft ist eine Möglichkeit für den Mitarbeiter, sich bei seinem Vorgesetzten angemessen zu beschweren.

Nach diesem kleinen Exkurs zur Entspannung von kritischen Gesprächssituationen geht es nun um die unterschiedlichen Gesprächstypen, die in Ihrem beruflichen Alltag auf Sie zukommen werden.

Wie führe ich ein Feedback-Gespräch?

In meinen Seminaren frage ich die Teilnehmer hin und wieder, wer von seinen Vorgesetzten regelmäßig Rückmeldungen über seine Leistungen bekommt. Dies scheint in deutschen Unternehmen nicht die Regel zu sein. Darüber hinaus höre ich häufig die Beschwerde: „Gute Leistungen werden von den Vorgesetzten oft als normal vorausgesetzt. Reaktionen erfolgen nur, wenn etwas falsch gelaufen ist." Dabei wären viele schwierige und kritische Situationen im beruflichen Alltag deutlich einfacher zu handhaben, wenn in den Teams eine Atmosphäre gegenseitiger Anerkennung herrschen würde.

Das Feedback-Gespräch zwischen Vorgesetztem und Mitarbeiter ist im beruflichen Alltag unverzichtbar, nicht nur dann, wenn es um Zielerreichung geht. Auch darüber hinaus gibt es viele Situationen, in denen Sie ein Feedback geben können. Es gilt eine Grundregel: Lieber häufig und kurz als selten und ausführlich!

Ihre ersten Feedback-Gespräche ergeben sich möglicherweise durch die gemeinsame Zusammenarbeit mit Ihren neuen Kollegen. Stellen Sie sich vor, Sie haben mit einem Ihrer Servicemitarbeiter einige Kunden besucht. Er hat vor Ort Büromaschinen repariert und Wartungsarbeiten vorgenommen. Dabei ist Ihnen positiv aufgefallen, dass Ihr Mitarbeiter bei der Planung, Arbeitsvorbereitung und Durchführung der Reparaturen sehr systematisch und effektiv vorgegangen ist. Seine Arbeits- und Reparaturberichte sind stets komplett und sauber ausgefüllt.

Sein Umgang mit den Kunden ist allerdings so manches Mal von technischer Überlegenheit geprägt. Daher wirkt er aus deren und auch aus Ihrer Sicht ausgesprochen schroff und er ist nicht sehr gesprächig. Nach einem Kundentermin sitzen Sie auf der Rückfahrt miteinander im Auto. Der Kollege erwartet jetzt von Ihnen eine Rückmeldung zu seiner Leistung. In der ersten Phase müssen Sie für eine angenehme Gesprächsatmosphäre sorgen, damit der Mitarbeiter bereit ist, sich sowohl Positives als auch weniger Positives anzuhören. Nach ein paar einleitenden Worten sollten Sie Ihren Mitarbeiter dazu auffordern, eine eigene Einschätzung seiner Leistung abzugeben.

 SELBSTEINSCHÄTZUNG DES MITARBEITERS

Mitarbeiter: „Das war für mich ganz klar. Ich hatte ja mit dem Kunden telefoniert und nach seiner Fehlerbeschreibung konnte es nur eine bestimmte Sache sein. Also habe ich die erforderlichen Ersatzteile für die Reparatur gleich aus dem Auto mitgenommen."

„Ja, das war auf jeden Fall gut, dass Sie die Situation richtig eingeschätzt haben. Sie konnten dadurch 15 Minuten Zeit einsparen, und der Kunde bekam gleich den Eindruck von Ihnen: Der weiß, was Sache ist."

Wenn Sie mit Ihrem Mitarbeiter über positive Aspekte sprechen, sollten Sie dafür sorgen, dass ihm bewusst wird, wie gut er gearbeitet hat. Das gelingt, wenn Sie es ihm nicht direkt sagen, sondern durch offene Fragen das Gespräch so steuern, dass er selbst darauf zu sprechen kommt.

- „Woran haben Sie erkannt, dass Sie genau diese Arbeit durchführen mussten?"

- „Wie viele zusätzliche Kunden können Sie dadurch schaffen, dass Sie so effektiv arbeiten?"

- „Wie wird Ihr professioneller Einsatz auf den Kunden wirken?"

Bei den Antworten lassen Sie den Mitarbeiter berichten. In dieser Phase sollte er den größten Anteil am Gespräch haben, Sie hören aktiv zu. Zum Abschluss können Sie nochmals aufzeigen, wie sich das Verhalten des Mitarbeiters für den Gesamteindruck des Kunden von ihm selbst, dem technischen Service und dem gesamten Unternehmen auswirkt. Anschließend sprechen Sie über den nächsten positiven Aspekt: die gut ausgefüllten Arbeitsberichte.

LOB FÜR EINEN MITARBEITER

> „Weiterhin ist mir aufgefallen, dass Sie beim Ausfüllen des Reparaturberichts sehr gewissenhaft und korrekt arbeiten."
>
> „Das ist für mich eine Selbstverständlichkeit."
>
> „Ja für Sie, dies ist aber nicht bei allen Mitarbeitern so. Ich hatte ein Gespräch mit der Buchhaltung, und dort kommen oftmals weniger gut ausgefüllte Berichte an. Welche Vorteile haben Sie, wenn Sie die Berichte so ordentlich und genau ausfüllen?"

Auch hier wird wieder eine offene Frage eingesetzt, damit der Mitarbeiter selbst darauf kommt, wie positiv sein Verhalten ist. Ein Nebeneffekt besteht darin, dass Sie Argumente für Kritikgespräche mit schlampigeren Mitarbeitern erfahren. Sagen Sie auch etwas über die Wirkung des positiven Effekts.

BEGRÜNDUNG EINES LOBS

> „Sie ersparen sich und den Kollegen in der Buchhaltung eine ganze Menge Rückfragen und Ärger. Wenn alle so arbeiten, können wir in Zukunft noch mehr Maschinen warten, ohne die Mannschaft vergrößern zu müssen. Machen Sie unbedingt weiter so."

Da es bei Ihrem Mitarbeiter nicht nur Positives zu beobachten gab, ist es natürlich wichtig, auch über die negativen Aspekte zu sprechen. Ihr Ziel sollte dabei sein, dass der Mitarbeiter selbst einsieht, was er besser machen könnte, sodass er dann bereit ist, tatsächlich Änderungen vorzunehmen. Das schaffen Sie nur, wenn Sie trotz der Kritik ein positives Verhältnis zum Mitarbeiter aufrechterhalten. An dieser Stelle können Sie wiederum gut die Positiv-Polung einsetzen, wie sie im Kapitel „Wie gestalte ich die ersten Tage in meiner neuen Position?" beschrieben ist.

Den Einstieg zu dem kritischen Thema „Beziehung zum Kunden" können Sie über eine Frage finden: „Was meinen Sie, wie beurteilen die Kunden Ihr Verhalten ihnen gegenüber?" Hier gibt es natürlich mehrere Möglichkeiten, wie das Gespräch weiterlaufen kann:

- Der Mitarbeiter hat sich darüber bisher noch keinerlei Gedanken gemacht und von daher auch keine Meinung zum Thema: „Mmh, weiß nicht."

- Der Mitarbeiter überlegt ein wenig und kommt zu einem ähnlichen Schluss wie Sie: „Ja, also irgendwie sind die komisch zu mir, das kenne ich! Ich bin ja schließlich für die nur der Techniker, der den Dreck wegmacht."

- Der Mitarbeiter kommt zu dem gleichen Schluss, hat aber für die Situation kein Problembewusstsein: „Hauptsache der Kopierer läuft wieder. Der Kunde kann doch froh sein."

- Der Mitarbeiter hat ein anderes Bild als Sie: „Ich komme gut mit den Leuten klar."

Darüber hinaus sind noch viele andere Variationen möglich. In den ersten beiden Fällen liegt Ihr Mitarbeiter mit seinem Eigenbild nahe an Ihrem Fremdbild.

 EIGENBILD – FREMDBILD

Da Sie die vermutliche Ursache kennen (die ruppige, leicht introvertierte Art des Mitarbeiters), können Sie ihn fragen, aus welchem Grund denn das Verhältnis zu den Mitarbeitern im Kundenunternehmen so belastet ist.

„Was meinen Sie, aus welchem Grund reagieren die Leute so auf Sie?" oder „Was denken Sie, woher kommt das?". Vielleicht weiß der Mitarbeiter keine Antwort auf diese Frage oder er schiebt die Schuld möglicherweise auf den Kunden: „Na ja, die sind halt arrogant." In diesen Fällen können Sie dem Mitarbeiter ein Feedback geben.

„Meine Vermutung geht dahin, dass Sie nicht besonders freundlich zu den Leuten sind. Als Sie an der Rezeption ankamen, haben Sie zum Beispiel nicht einmal gelächelt. Und als die Mitarbeiterin, die uns zum Kopierer geführt hat, fragte, was denn wohl kaputt sei, haben Sie ziemlich ruppig geantwortet: ‚Das lassen Sie mal meine Sache sein, ich werde das schon hinkriegen.' Das Gesicht der Mitarbeiterin wirkte daraufhin wie versteinert. Was meinen Sie dazu?"

Wenn Sie ein Feedback geben, kommt es darauf an, dass Sie wahrnehmbare Ereignisse schildern, über die es keine Diskussionen gibt. „Der Gesichtsausdruck war wie versteinert" ist äußerlich wahrnehmbar. „Die Mitarbeiterin war daraufhin verärgert" wäre eine Interpretation Ihrerseits und könnte angezweifelt werden.

Schildern Sie die Situation nur kurz und gehen Sie mit der offenen Frage „Was meinen Sie dazu?" zum Dialog über. Wieder sind unterschiedliche Reaktionen möglich:

- Der Mitarbeiter bezweifelt die Relevanz des guten Verhältnisses zum Kunden: „Was soll's, Hauptsache die Maschine läuft wieder, der Kunde soll doch froh sein."

- Der Mitarbeiter denkt nach (was Sie erreichen wollten) und kommt zu einer ähnlichen Erkenntnis: „Ja, das könnte schon stimmen."

Im ersten Fall müssen Sie dem Mitarbeiter die Relevanz seines Verhaltens klarmachen.

EIN MITARBEITER ERFÄHRT, WIE SEIN VERHALTEN WIRKT

„Herr O., wir sind in einem absolut vergleichbaren Markt tätig. Wenn wir jetzt mit dem Einkäufer sprechen würden, mit dem wir den Wartungsvertrag verhandeln, könnte der zu Recht argumentieren, dass alle anderen Serviceunternehmen den Kopierer genauso gut reparieren wie wir. Und Sie wissen, dass das stimmt. Er wird aber bestimmt vor der Neuverhandlung mal mit der Abteilung sprechen, in der die Kopierer stehen.

> Wenn er die Dame von vorhin zu fassen kriegt, wird Sie sich nicht unbedingt für Sie einsetzen. Sie wird sagen: ‚Klar, das klappt immer alles.' Aber es wird ihr egal sein, ob in Zukunft Sie oder ein Mitarbeiter der Konkurrenzfirma kommt. Wenn Sie es jedoch schaffen, ein gutes Verhältnis zu ihr aufzubauen, wird sie vielleicht beim Einkäufer sehr positiv von Ihnen reden und ihn dazu motivieren, auf jeden Fall wieder mit uns den Vertrag abzuschließen. Also ist Ihr Verhältnis zu den Mitarbeitern auf jeden Fall wichtig. Und wir beide müssen uns überlegen, wie Sie sich in Zukunft anders verhalten können, um zu erreichen, dass die Kunden SIE wollen."

Wenn Sie mit dem Gespräch tatsächlich eine Änderung des Mitarbeiterverhaltens bewirken wollen, muss die betreffende Person erkennen, wie wichtig ihr Umdenken ist. Wenn Sie es nicht schaffen, den Mitarbeiter davon zu überzeugen, dass er sein Verhalten ändern muss, wird er über kurz oder lang in seine alten Muster zurückfallen. Kündigen Sie am Ende des Feedback-Gesprächs Kontrollen an und lassen Sie diese dann auch regelmäßig folgen.

In welchen Phasen ist das Feedback-Gespräch abgelaufen?

- Eröffnung mit positivem Anfangskontakt

- Frage nach der Einschätzung der eigenen Leistung

- Weitere offene Fragen zu den positiven Aspekten der Leistung

- Darstellung der positiven Wirkung auf das Umfeld des Mitarbeiters

- Frage zu verbesserungswürdigem Verhalten

- Darstellung des verbesserungswürdigen Verhaltens

- Frage nach zukünftigen besseren Verhaltensweisen

- Motivation

- Ankündigung von Kontrollen

GRUNDREGELN FÜR EIN FEEDBACK

- Sorgen Sie für eine entspannte Gesprächsatmosphäre.

- Hören Sie Ihrem Mitarbeiter aktiv zu.

- Reagieren Sie bei persönlichen Angriffen vonseiten des Mitarbeiters stets mit Ich-Botschaften.

- Beschreiben Sie beim Feedback nachprüfbare Aspekte im Verhalten des Mitarbeiters. Stellen Sie keine Vermutungen an und interpretieren Sie das Verhalten nicht.

Wie lobe ich richtig?

Gespräche über Anerkennung und Lob sind letztendlich genauso strukturiert wie der erste Teil des Feedback-Gesprächs, bei dem es um die positiven Aspekte des Mitarbeiterverhaltens ging. Bei den kurzen, aber regelmäßigen Anerkennungen, die Sie täglich an Ihre Mitarbeiter verteilen sollten, ist es wichtig, dass Sie das Verhalten in einer bestimmten Situation explizit benennen.

LOB NACH EINEM TELEFONAT

Sie gehen an den Arbeitsplatz eines Mitarbeiters, um etwas zu klären. Dieser telefoniert mit einem Kunden. Sie geben ihm ein Feedback, wie Sie das Gespräch empfunden haben, und sagen zu ihm: „Herr L., das haben Sie ja klasse hinbekommen."

Dieses Lob wirkt auf den Mitarbeiter wahrscheinlich eher gekünstelt, denn theoretisch passt der Satz auf jede beliebige Situation im Arbeitsalltag. Sie sollten stattdessen genau überlegen, welche Teilaspekte des Gesprächs Ihnen gefallen haben. Bei einem Telefonat könnten Sie zum Beispiel erwähnen, dass der Mitarbeiter

- glänzend argumentiert hat,

- einen aufgebrachten Kunden beruhigt hat und/oder

- mit dem Kunden eine gute Lösung erarbeitet hat.

Diese Aspekte sagen Sie Ihrem Mitarbeiter im Feedback. Sie können auch beim Lob wieder offene Fragen stellen, um dem Mitarbeiter die Möglichkeit zu geben, über seine Leistung nochmals nachzudenken.

Lob ist einer der wichtigsten Motivatoren, die Sie zur Verfügung haben, und es kostet Sie fast keinen Aufwand, es auszusprechen. Das Einzige, was Sie tun müssen, ist, Ihre Mitarbeiter genau zu beobachten. Es gibt fast immer etwas zu loben.

 SO FINDEN SIE POSITIVE ASPEKTE AN IHREM MITARBEITER

Stellen Sie sich diese Fragen, wenn Sie mit Ihren Mitarbeitern zusammen sind:

- Was hat der Mitarbeiter richtig gemacht?

- Wodurch hat er gezeigt, dass er mitdenkt?

- Auf welche Weise hat er die Ziele des Teams positiv beeinflusst?

Jetzt höre ich Sie sagen: „Es gibt aber auch Verbesserungswürdiges, was ich kritisieren könnte." Sicher, aber auf diese Aspekte kommen Sie von ganz allein. Hier geht es darum, Ihre Aufmerksamkeit auf die positiven Dinge zu lenken, die Sie vielleicht für selbstverständlich halten.

Wie führe ich ein Kritikgespräch?

Auch das muss es geben. Im Gegensatz zum Feedback-Gespräch, bei dem es darum geht, dem Mitarbeiter ein bisher nicht bewusstes Verhalten bewusst zu machen, damit er es verändern kann, ist das Kritikgespräch eine Reaktion auf ein Verhalten, das sich bewusst gegen bestehende Regeln richtet. Dies ist insbesondere dann der Fall, wenn der betreffende Mitarbeiter schon zum zweiten oder dritten Mal gegen eine Abmachung verstößt. Wenn Sie in solchen Situationen nicht einschreiten, machen Sie sich als Teamleiter unglaubwürdig. Ein derartiges Gespräch ist für beide Seiten schwierig, gehen Sie ihm trotzdem nicht aus dem Weg.

Ziel des Gesprächs ist es, dem Mitarbeiter deutlich zu machen, dass er sein Verhalten ändern sollte. Er muss zu der Einsicht kommen, dass er falsch gehandelt hat. Darüber hinaus soll nach diesem Gespräch noch eine fruchtbare und stressfreie Zusammenarbeit möglich sein.

ORDNUNGSWIDRIGKEIT MIT EINEM FIRMENWAGEN

Ein Außendienstmitarbeiter hat mit dem Firmenwagen schon die dritte Ordnungswidrigkeit wegen zu schnellen Fahrens begangen. Mit neun Punkten in Flensburg steht er kurz davor, seinen Führerschein und damit seinen Arbeitsplatz zu verlieren. In zwei Gesprächen hat er immer versprochen, dass er von nun an die Verkehrsregeln einhalten wird. Nun halten Sie einen neuen Bußgeldbescheid in der Hand.

Sie bestellen den Mitarbeiter zu sich. Da Sie ja davon ausgehen, dass Sie weiterhin mit ihm gut zusammenarbeiten wollen, sorgen Sie für eine vernünftige Gesprächsatmosphäre. Nach ein paar Worten zur Begrüßung leiten Sie zum Gegenstand Ihrer Kritik über: „Herr K., nehmen Sie Platz. Ich habe hier einen Bußgeldbescheid in der Hand, der für Ihr Fahrzeug gilt. Sie sind schon wieder zu schnell gefahren. Dies ist das dritte Verfahren, das Sie durchstehen müssen. Was sagen Sie dazu?"

Beschreiben Sie dem Mitarbeiter sein zu kritisierendes Verhalten so, dass ihm klar ist, wo der Fehler liegt. Kritisieren Sie dabei aber nur das Verhalten, nicht die Person oder den Charakter! Vermuten Sie auch keine Gründe. Fordern Sie den Mitarbeiter dann auf, Stellung zur Kritik zu nehmen. Hören Sie aktiv zu und gehen Sie auf Ungereimtheiten ein. Entkräften Sie alle Gründe, die reine Ausreden sind. Nach den Ausführungen des Mitarbeiters unterhalten Sie sich über die Konsequenzen des Verhaltens für ihn selbst, für seine Familie, für das Team, für die Firma.

- Vereinbaren Sie das künftige Verhalten des Mitarbeiters.

- Kündigen Sie dem Mitarbeiter Kontrollen an. Er muss wissen, dass sein Verhalten überprüft wird. Nur so wird er es dauerhaft ändern.

- Zum Abschluss fragen Sie ihn, wie er in Zukunft in einer ähnlichen Situation reagieren wird.

 ANSATZ ZUR VERÄNDERUNG EINES FEHLVERHALTENS

„Herr K., Sie sagten, Sie sind nur deshalb so schnell gefahren, weil Sie sonst zu spät zu dem wichtigen Abschlussgespräch gekommen wären. Stellen Sie sich vor, Sie müssten jetzt los und wüssten, dass Sie es nicht mehr pünktlich schaffen können. Wie gehen Sie nun mit dieser Situation um?"

Anhand der Antworten können Sie abschätzen, ob der Mitarbeiter für sich andere Wege gefunden hat, diese Situation zu meistern. In diesem Fall: mit dem Kunden telefonieren und die Verspätung ankündigen. Wichtig ist es, dem Mitarbeiter das Gefühl zu geben, dass Sie ihn weiterhin akzeptieren.

Wie führe ich ein Abmahngespräch?

Auch bei der Abmahnung geht es darum, den Mitarbeiter dazu zu bringen, dass er sich an die Spielregeln im Unternehmen hält. Wobei wohl unstrittig ist, dass die Abmahnung häufig eingesetzt wird, um eine Kündigung vorzubereiten. Bevor Sie daran denken, einem Mitarbeiter eine Abmahnung zu erteilen, sollten Sie dies auf jeden Fall mit Ihrem Vorgesetzten und der Personalabteilung abstimmen. Außerdem müssen Sie den Mitarbeiter beim letzten Kritikgespräch bereits darauf hingewiesen haben, dass er im Fall eines erneuten Verstoßes mit einer Abmahnung rechnen muss.

Wenn es dann trotzdem wieder zu dem schädigenden Verhalten gekommen ist, formulieren Sie in Abstimmung mit der Personalabteilung die schriftliche Abmahnung. Dann bestellen Sie den Mitarbeiter zu sich.

SO LÄUFT EIN ABMAHNGESPRÄCH AB

- Schaffen Sie eine entspannte Gesprächsatmosphäre.

- Leiten Sie zum Gegenstand Ihrer Kritik über.

- Bennen Sie diesen genau.

- Übergeben Sie die Abmahnung und lassen Sie sich den Erhalt bestätigen.

Eine Abmahnung sollten Sie nicht erwägen, solange Sie davon überzeugt sind, dass der Mitarbeiter sich besinnt und Besserung gelobt. Oft ist aber die Abmahnung auch ein heilsamer Schuss vor den Bug, und der Mitarbeiter findet durch den Schreck auf den richtigen Weg zurück. Machen Sie dem Mitarbeiter die Konsequenzen klar: Bei einem weiteren Verstoß folgt eine nochmalige Abmahnung und dann die Kündigung. Vereinbaren Sie sein künftiges Verhalten und kündigen Sie Kontrollen an.

Wie führe ich ein Kündigungsgespräch?

Ein Kündigungsgespräch – aus welchem Grund es auch stattfinden muss – gehört sicherlich mit zu den unangenehmsten Aufgaben, die Sie als Vorgesetzter zu erledigen haben. Bei geplanten Kündigungen sollten Sie mit Ihrem Vorgesetzten und der Personalabteilung detailliert besprechen, wie diese im Einzelfall abzulaufen haben. Machen Sie sich Notizen über die vorab geführten Gespräche mit dem betreffenden Mitarbeiter und halten Sie sie in einem Protokoll fest. Auch die Maßnahmen, mit denen Sie den Mitarbeiter gefördert haben, sollten Sie notieren. Bei einer gerichtlichen Überprüfung wird danach gefragt werden.

Bei einer Kündigung innerhalb der Probezeit, brauchen Sie eigentlich nichts zu begründen. Sie sollten sich jedoch auch innerhalb der Probezeit fairerweise dafür eingesetzt haben, dass der Mitarbeiter gefördert wurde, damit er den Anforderungen des Jobs hätte genügen können. Und bei einem Kündigungsgespräch sollten Sie, auch wenn Sie es aus rechtlichen Gründen gar nicht müssen, die Gründe für die Kündigung nennen.

BEISPIEL   KÜNDIGUNGSGESPRÄCH MIT EINEM MITARBEITER

Wenn es zur Kündigung kommt, bestellen Sie den Mitarbeiter zu sich, und kommen direkt zum Thema. Führen Sie die Gründe auf, weswegen Sie die Kündigung aussprechen. „Bitte Herr U., nehmen Sie Platz. Herr U., ich komme gleich zum unangenehmen Thema, wir werden Ihnen heute zum … kündigen. Vielleicht haben Sie es schon geahnt oder befürchtet, jetzt ist es tatsächlich so weit."

Im Anschluss daran führen Sie die genauen Gründe für die Kündigung auf. Da es sowieso kein Zurück mehr gibt, kommt es hier nicht mehr unbedingt zu einem Dialog, denn die Tatsachen stehen ja fest. Dann besprechen Sie die Einzelheiten der Durchführung, sei es, dass der Mitarbeiter seine restlichen Tage noch „abarbeitet" oder unmittelbar beurlaubt wird, sei es, dass Sie die Kündigung in einen Aufhebungsvertrag umwandeln. Anschließend bieten Sie dem Mitarbeiter an, dass er sich den restlichen Tag freinehmen kann, um eventuell persönliche Angelegenheiten zu regeln. So kann er schon erste Maßnahmen einleiten.

Eine Kündigung ist für alle Beteiligten und auch für die Kollegen eine unangenehme Sache. Ich höre jedoch immer wieder von meinen Kunden und Trainingsteilnehmern, dass so eine Maßnahme durchaus auch eine gewisse reinigende Wirkung haben kann. Diejenigen, die als Teamleiter irgendwo hinkommen und zu Beginn Schwierigkeiten mit einzelnen Mitarbeitern oder mit dem gesamten Team haben, berichten häufig, dass nach der Kündigung eines Mitarbeiters, der sich partout nicht einfügen wollte, die Stimmung im Team deutlich besser wird. Aus meiner Sicht ist der Grund dafür, dass Sie als Teamleiter Konsequenz gezeigt haben.

Wie führe ich Gespräche über persönliche Schwierigkeiten von Mitarbeitern?

Wenn Sie feststellen, dass sich am Verhalten eines Mitarbeiters etwas verändert, ohne dass es sich auf seine Leistungen im Beruf auswirkt, sollten Sie dies genau beobachten und später entscheiden, ob Sie das Thema ihm gegenüber ansprechen wollen.

BEI GESPRÄCHEN ÜBER PERSÖNLICHE SCHWIERIGKEITEN

Drängen Sie sich keinesfalls auf, so lange die berufliche Leistung des Mitarbeiters nicht nachlässt. Wenn Sie sich aber dazu entschließen, den Mitarbeiter anzusprechen, ermöglichen Sie es ihm unbedingt, das Gesprächsangebot ohne einen Gesichtsverlust abzulehnen. Signalisieren Sie dann für die Zukunft Gesprächsbereitschaft.

Warum Sie als Teamleiter solche Situationen ansprechen sollten

Natürlich müssen Sie darauf achten, dass der Mitarbeiter seine Leistung weiterhin bringt. Es sollte Ihnen aber darüber hinaus auch um den persönlichen Aspekt gehen. Das gilt vor allem dann, wenn es sich um einen wertvollen Mitarbeiter handelt, dessen Arbeitskraft Sie nur ungern verlieren würden.

Wie sollten Sie das Gespräch mit Ihrem Mitarbeiter eröffnen?

Da Sie nicht wissen, ob der Mitarbeiter bereit ist, sich mit Ihnen über seine Situation zu unterhalten, sollten Sie Ich-Botschaften einsetzen und mit Fingerspitzengefühl vorgehen. Natürlich ist es besser, dies in einer Situation zu tun, in der Sie ungestört sind. Sie müssen ebenfalls daran denken, dass ein derartiges Gespräch Zeit braucht. Falls der Mitarbeiter sich auf das Gespräch nicht einlassen möchte, zeigen Sie ihm, dass Sie auch in Zukunft zu einem Gespräch bereit sind.

SIGNALE FÜR GESPRÄCHSBEREITSCHAFT

„Herr D., seit einiger Zeit habe ich das Gefühl, dass Sie irgendetwas bedrückt oder Ihnen etwas Sorgen bereitet. Ich habe lange überlegt, ob ich das überhaupt ansprechen soll. Da ich Sie als Mitarbeiter schätze, habe ich mich dazu entschlossen. Wollen wir darüber hier im Büro sprechen oder ein Gespräch außerhalb der Firma führen?"

Diese Art der Ansprache gibt dem Mitarbeiter die Möglichkeit, sich aus der Situation zu befreien, indem er den Termin auf später verschiebt. Sie signalisieren ihm aber, dass Sie in jedem Fall mit ihm reden werden. Und wie genau wird nun ein solches Gespräch geführt? Achten Sie auf die folgenden Details:

- Sorgen Sie für eine angenehme Gesprächsatmosphäre. Falls Sie sich an Ihrem Arbeitsplatz unterhalten, setzen Sie sich an einen gesonderten Tisch.

- Achten Sie darauf, dass Ihr Mitarbeiter Ihnen seine Situation umfassend schildern kann. In der ersten Phase sollten Sie ihn nicht unterbrechen und ihm auch keine Fragen stellen. Ermuntern Sie Ihren Mitarbeiter durch Aufmerksamkeitsreaktionen (Kopfnicken, aktives Schweigen).

Wenn der Mitarbeiter seine Ausführungen beendet hat, fangen Sie an, Fragen zur Situation zu stellen. Begründen Sie dies damit, dass Sie seine Lage besser verstehen wollen, um helfen zu können. Fallen Ihnen dabei schon Lösungsmöglichkeiten ein, dann sprechen Sie sie jetzt noch nicht an. Sobald Sie Klarheit über die Situation gewonnen haben, können Sie lösungsorientierte Fragen stellen:

- „Was wollen Sie tun, um Ihre Situation zu ändern?"

- „Welche Lösungsmöglichkeiten haben Sie sich denn schon selbst einmal überlegt?"

- „Wie könnte eine Lösung aus Ihrer Sicht aussehen?"

Falls Ihr Mitarbeiter darauf keine Antwort weiß, können Sie selbst kleine Hinweise geben, um ihm Hilfestellungen zu geben. Vermeiden Sie aber, ihm genaue Vorgaben zu liefern, denn der Mitarbeiter wird Ihnen zustimmen, auch wenn er nicht wirklich von Ihren Ideen überzeugt ist.

- Wenn der Mitarbeiter mehrere Möglichkeiten sieht, wie sich die Situation lösen lässt, lassen Sie ihn diese selbst bewerten. Beim Abwägen der Vor- und Nachteile kommt er vielleicht auf die Idee, mehrere Ansätze zu kombinieren.

- Sobald Sie eine Lösung gefunden haben, gehen Sie mit dem Mitarbeiter die ersten konkreten Schritte durch, die er auf dem Weg dorthin machen muss. Achten Sie auf Formulierungen wie beispielsweise „Ich könnte ...", „Ich müsste ..." oder „Ich sollte ...". Benutzt der Mitarbeiter diese, so ist es eher unwahrscheinlich, dass er etwas an seinem Verhalten ändert.

- Falls Sie keine Lösung finden, vertagen Sie das Gespräch. Nehmen Sie sich die Zeit, bis zum nächsten Termin über Lösungsmöglichkeiten nachzudenken.

- Beenden Sie das Gespräch mit einem positiven Resümee und signalisieren Sie dem Mitarbeiter weiterhin Gesprächsbereitschaft.

Diese Regeln sollten Sie bei einem Mitarbeitergespräch über persönliche Probleme beachten:

- Suchen Sie das Gespräch, sobald Sie das Gefühl haben, dass ein ernsthaftes Problem besteht.

- Geben Sie dem Mitarbeiter die Chance, das von Ihnen angebotene Gespräch abzulehnen.

- Planen Sie genügend Zeit ein und sorgen Sie dafür, dass Sie nicht gestört werden.

- Schaffen Sie eine angenehme Atmosphäre.

- Lassen Sie den Mitarbeiter ausreden, und hören Sie aktiv zu.

- Das Gespräch soll eine Hilfe zur Selbsthilfe sein.

- Signalisieren Sie weitere Gesprächsbereitschaft.

Wie führe ich ein Bewerbungsgespräch?

Häufig kommt es vor, dass Sie gleich zu Beginn Ihrer neuen Verantwortung Bewerbungsgespräche führen müssen, um Ihr Team zu verstärken. Vor dem eigentlichen Gesprächstermin schauen Sie sich die schriftliche Bewerbung Ihres potenziellen Mitarbeiters noch einmal genau an und machen sich dabei Notizen über Besonderheiten, die Sie ihm gegenüber ansprechen wollen.

Das Gespräch selbst sollten Sie in einer ungestörten Atmosphäre führen. Wenn außer Ihnen ein weiterer Mitarbeiter der Firma anwesend ist, legen Sie vorher fest, wer die Gesprächsführung übernimmt. Bewährt hat es sich, sich darauf zu einigen, dass ein Bewerber nur dann für eine Stelle infrage kommt, wenn beide keine Einwände haben. Die Bedenken können auch emotionaler Natur sein und müssen nicht unbedingt logisch begründet werden.

Damit Sie in einem Zweierteam Zeit sparen, können Sie ein geheimes Signal dafür vereinbaren, ob das Gespräch verlängert oder abgekürzt werden soll. Dieses Signal könnte zum Beispiel darin bestehen, dass Sie der Richtung, in der Sie den Kugelschreiber auf den Tisch legen, eine Bedeutung geben. Spitze zum Bewerber bedeutet „Okay", Spitze zu sich bedeutet „Abkürzen des Gesprächs".

Schaffen Sie zu Beginn eine positive Stimmung. Dann erklären Sie kurz das Verfahren des Gesprächs. Beginnen Sie mit der Positiv-Polung, um einen guten Kontakt zum Bewerber herzustellen.

 BEGINN EINES BEWERBUNGSGESPRÄCHS

„Herr Q., es freut uns, dass Sie heute hier sind. Unser Ziel besteht darin, dass sowohl Sie als auch wir am Ende des Gesprächs die Entscheidung treffen können, ob wir uns ein weiteres Mal zusammensetzen oder nicht. Dazu wollen wir uns zuerst über Ihren Werdegang, Ihre Fähigkeiten und Ihre derzeitige Situation unterhalten. Danach erhalten Sie von uns die Informationen über unser Unternehmen und über die ausgeschriebene Stelle."

Jetzt müssen Sie herausfinden, ob der Bewerber mit seinen fachlichen Fähigkeiten und seiner Persönlichkeit zu Ihnen in das Team passt und ob er den Anforderungen der neuen Stelle gewachsen ist. Stellen Sie ihm zu folgenden Punkten offene Fragen, um das herauszufinden.

- Wie ist Ihr berufliches Leben bisher verlaufen?

- Wo liegen Ihre fachlichen Qualifikationen?

- Welche Aufgaben haben Ihnen bisher am meisten Spaß gemacht?

- Wo liegen Ihre Stärken?

- In welchem Bereich können Sie Ihrer eigenen Meinung nach besser werden?

- Angenommen, ich würde Ihre Kollegen nach Ihnen fragen, wie würden diese Sie beschreiben?

- Aus welchem Grund wollen Sie den Arbeitgeber wechseln?

- Warum wollen Sie ausgerechnet bei uns anfangen?

Wenn Sie bereits an dieser Stelle feststellen, dass der Bewerber nicht der Richtige für die zu besetzende Stelle ist, haben Sie zwei Möglichkeiten, wie Sie vorgehen können: Sie führen das Gespräch pro forma weiter, fassen sich jedoch kürzer und geben dem Bewerber am Ende ein entsprechendes Feedback. Sie können aber auch ganz offen sagen, dass Sie es für sinnvoll halten, das Gespräch abzubrechen, da Sie den Bewerber nicht für geeignet halten.

ABSAGE WÄHREND EINES BEWERBUNGSGESPRÄCHS

„Herr Q., vielen Dank für Ihre Informationen. Wir sind dafür, mit offenen Karten zu spielen und keine falschen Hoffnungen zu wecken. Daher möchten wir Ihnen schon jetzt sagen, dass es aus unserer Sicht keinen Sinn hat, das Gespräch weiterzuführen. Folgende Gründe führen aus meiner Sicht dazu: erstens ..., zweitens ..., drittens ... Wir wünschen Ihnen für Ihre Stellensuche viel Erfolg."

Zwar ist es hart, den Bewerber direkt mit einer solchen Absage zu konfrontieren, doch ist es weitaus unfairer, ihn noch einige Tage hoffen zu lassen, dass er die Stelle bekommt. Das gilt vor allem in Situationen, in denen Sie sich absolut sicher sind.

Sollte der Bewerber bislang Ihren Ansprüchen genügen, dann prüfen Sie im nächsten Schritt, ob die Stelle auch wirklich seinen Wünschen entspricht. Sie stellen das Unternehmen und die Aufgabenstellung vor. Und Sie klären die Bedingungen, zu denen Sie die Position anbieten. Stellen Sie alles so ausführlich dar, dass der Bewerber seine eigenen Vorstellungen daran messen kann.

In die nächste Phase des Gesprächs treten Sie ein, wenn Sie das Gefühl haben, dass der Bewerber die Stelle wirklich möchte. Nun stellen Sie die zukünftigen Aufgaben mit all ihren Nachteilen dar. Spätestens nach dem Antritt der Stelle wird er die Nachteile sowieso erkennen, und wenn Sie beim Bewerbungsgespräch nicht darüber gesprochen haben, wird er ganz bestimmt enttäuscht sein.

 DARSTELLUNG DER ARBEITSBEDINGUNGEN

„Herr Q., vor einer Bindung sollten wir herausfinden, ob wir wirklich zusammenpassen. Denn Beziehungen gehen häufig deswegen auseinander, weil viele Details nicht geklärt sind, und dies dann zu Enttäuschungen führt. Das möchten wir vermeiden, daher möchte ich Ihnen gern schildern, was auf Sie zukommt, wenn Sie bei uns anfangen."

Im Anschluss schildern Sie die Aufgabe so, dass der Bewerber Respekt vor ihr bekommt. Beschreiben Sie

- wie schwer die Aufgabe ist,

- wie viele Überstunden, wie viel Engagement und Stress die Aufgabe bedeutet und

- warum der Vorgänger an der Aufgabe gescheitert ist.

Zusätzlich können Sie einen gezielten Test (bezüglich der Belastbarkeit des Bewerbers) oder ein spontanes Rollenspiel (eine typische Arbeitssituation) durchführen. Sagen Sie dem Bewerber zum Abschluss konkret, welchen Eindruck Sie von ihm haben: ob er gute oder keine Chancen hat und ob Sie weitere Gespräche führen wollen. Zu diesem Zweck vereinbaren Sie entsprechende Termine, bei denen er eventuell noch mit anderen Vorgesetzten aus Ihrem Haus sprechen wird.

Wie gestalte ich die konzeptionelle Planung richtig?

Dieses abschließende Kapitel soll Sie ermuntern, Ihre Tätigkeit einmal aus einem anderen Blickwinkel zu betrachten. Erinnern Sie sich an das Bild des Hubschrauberflugs aus der Einleitung?

In Ihrer Funktion als Teamleiter haben Sie möglicherweise direkt mit den Fachaufgaben Ihrer Mitarbeiter zu tun, eventuell führen Sie diese auch noch selbst aus. Je mehr Zeit Sie damit verbringen müssen, desto schwieriger wird es für Sie werden, sich gedanklich in den Hubschrauber zu begeben. Dennoch sollten Sie sich motivieren und sich die Zeit nehmen, Ihre Tätigkeit von oben zu betrachten.

Wie räume ich der konzeptionellen Planung genügend Raum ein?

Das Wesen des operativen Geschäfts besteht darin, die dringenden Aufgaben zu erledigen: vorliegende Aufträge abzuarbeiten, Aufträge einzuholen, eine neue Komponente zu entwickeln, Mahnungen zu schreiben usw. Sie wissen selbst, dass Sie im operativen Geschäft in vielen Fällen fremdbestimmt werden.

Dies liegt in der Natur der Sache, da auf der einen Seite in Ihrer Organisation eine Menge Leute über Ihnen rangieren, die Ihnen sagen, was zu tun ist, andererseits werden eventuell Wünsche und Forderungen von Kunden an Sie herangetragen. Dieses Gefühl, dass andere zu stark über Sie, Ihre Zeit und Ihre Arbeitskraft bestimmen, hat Sie vielleicht dazu bewogen, sich auf eine Führungsposition zu bewerben.

Entscheidend ist jetzt, dass Sie nicht wieder in den gleichen Trott verfallen und nicht länger nur den dringenden Aufgaben hinterherjagen. Unterscheiden Sie zwischen dringenden und weniger dringenden Aufgaben. Dabei geht es hauptsächlich um die zeitliche Priorität. Dringend sind zum Beispiel:

- Krisen

- Drängende Herausforderungen

- Projekte mit Zeitlimit

- Wichtige Telefonate

- Besprechungen

Weniger dringende Aufgaben sind dagegen:

- Vorbeugung

- Planung

- Erholung

- Beziehungsmanagement

In den meisten Betrieben und Unternehmen ist es üblich, die dringenden Aufgaben zuerst zu erledigen. Wenn dann noch Zeit ist, widmet man sich den weniger dringenden Aufgaben. Betrachten Sie diese Vorgehensweise kritisch. Wenn Sie nach diesem einfachen Modell arbeiten, werden Sie bald an Kapazitätsgrenzen stoßen.

BEISPIEL **DAS MARKETINGTEAM SOLL EINE MESSE ORGANISIEREN**

Ihre Aufgabe ist es, mit dem Marketingteam eine Messe zu planen. Nun passiert Folgendes: Als Sie damit beginnen, kommt der Vertrieb mit der Forderung auf Sie zu, noch ganz schnell für ein neues Produkt Anzeigen, Produktflyer und einen Wettbewerbsvergleich zu erarbeiten. Sie erledigen dies sofort vordringlich.

Als Sie wieder mit der Messeplanung beginnen wollen, verlangt die Geschäftsleitung eine Marktanalyse für ein neues Produkt. Sie stellen die Planung wieder hinten an. Wenn Sie so weiterarbeiten, steht der Beginn der Messe bald vor der Tür, ohne dass sie adäquat vorbereitet ist. Nun bricht die große Hektik aus. Eine übergroße Anstrengung ist nötig, damit das Ziel noch erreicht werden kann.

Letztendlich ist es eine ganz normale Reaktion, wenn wir zuerst die Sachen erledigen, die dringend sind. Sie als Teamleiter sind jedoch gefordert, eine andere Sichtweise in Ihrem Team durchzusetzen. Die Aufgaben sollten nach Wichtigkeitsgrad unterschieden werden. Natürlich gibt es auch weiterhin dringende Aufgaben. Welchen Zusammenhang es zwischen diesen beiden Polen gibt, können Sie an der folgenden Grafik erkennen.

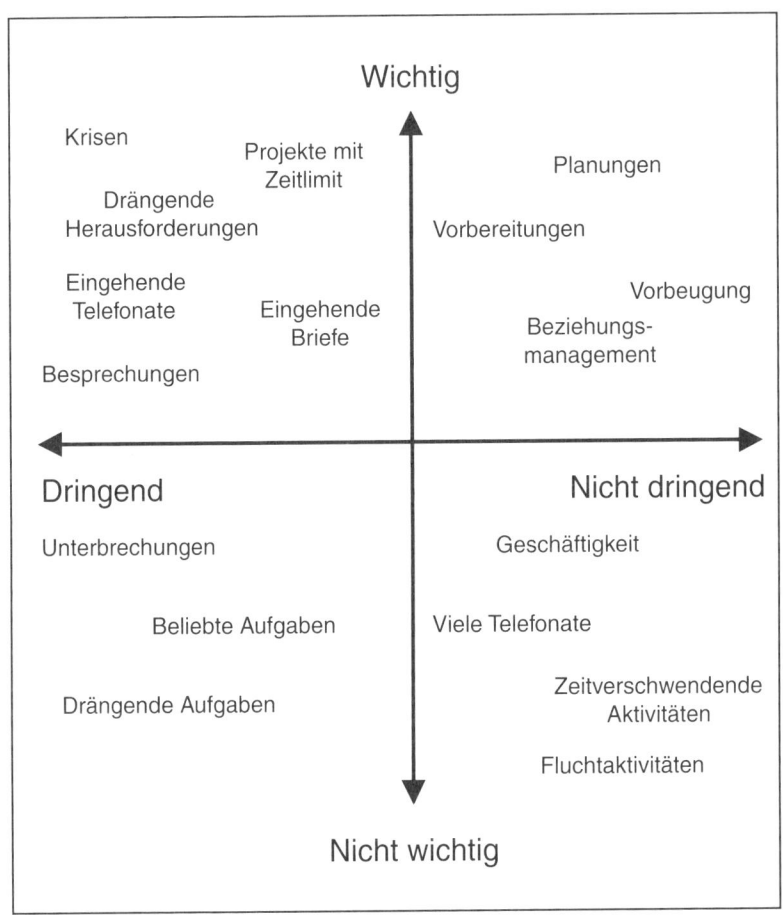

Wie Sie hier sehen, können Sie alle Aufgaben, die in Ihrem Team anfallen, in vier Bereiche zwischen „dringend" und „wichtig" einordnen. Die Frage für Sie als Teamleiter ist, welche anstehenden Aufgaben Sie zuerst lösen beziehungsweise in welche Aufgaben Sie die meiste Zeit und Energie investieren. Der Bereich oben links in der Grafik ist derjenige, in dem Sie mit höchster Priorität arbeiten. Wenn Sie sich allein von der Dringlichkeit steuern lassen, investieren Sie Ihre ganze Arbeitskraft so lange in den Bereich oben links, bis die Aufgaben aus dem Bereich oben rechts so dringend geworden sind, dass Sie sich danach ganz auf diese konzentrieren müssen. Damit fallen sie dann in den Bereich der Krisen und drängenden Herausforderungen. Je länger Sie auf diese Art und Weise verfahren, desto mehr Aufgaben drängen sich in dem Grafikbereich oben links, und Sie sind ganz automatisch derjenige, der ständig kleine Brandherde löschen muss.

Der Schlüssel zur Lösung liegt darin, die Prioritäten zu verändern, indem Sie sich stärker von der Wichtigkeit Ihrer Aufgaben steuern lassen. Wenn Sie die Herausforderungen aus dem Bereich oben links gemeistert haben, sollten Sie als Nächstes die wichtigen Aufgaben aus dem Bereich oben rechts lösen. Wenn Sie daran arbeiten, also vernünftig planen, vorbeugend tätig sind und sich um Beziehungen zu Mitarbeitern sowie Kunden kümmern, wird über kurz oder lang die Zahl der Aufgaben aus dem Bereich oben links immer geringer, denn die Krisen entstehen ja nur dadurch, dass Sie die weiter in der Zukunft liegenden Aufgaben nicht ausreichend wahrgenommen haben.

Wie kann ich zwischen wichtigen und dringenden Aufgaben unterscheiden?

Unterscheiden Sie kurz-, mittel- und langfristige Ziele und fragen Sie sich: „Was bringt mich meinen Zielen näher?" Zwar sind die dringenden Aufgaben zu erledigen, doch diese führen oft nicht näher zum Ziel.

 VERLUST DER ZIELORIENTIERUNG

Ein Kunde ruft an, damit der Verkäufer jetzt etwas für ihn erledigt. Wenn der Verkäufer sein Ziel nicht im Auge hat, nämlich gewisse Umsatzzahlen zu erreichen, kann es passieren, dass er zwar in der Kundenberatung Erfolge hat, aber die Kunden verliert, die auch direkt bei ihm einkaufen.

Um diese Entwicklung zu umgehen, kann der Verkäufer beispielsweise zunächst einmal nachfragen, ob der Kunde ihm einen Auftrag erteilt. So ist die Unterscheidung in dringend und wichtig vom Kunden vorgegeben. Der Verkäufer kann sich seine Arbeit entsprechend einteilen. Nun wird es vielleicht bei Ihnen so sein, dass Sie viele Aufgaben im Bereich oben links zu erledigen haben und damit schon voll ausgelastet sind. Gerade dann müssen Sie immer wieder Zeit abzweigen, um die wichtigen Aufgaben oben rechts zu erledigen. Nur so schaffen Sie mittelfristig Entlastung von den quälenden Jobs oben links.

Machen Sie sich an dieser Stelle noch einmal die Vorteile eines guten Zeitmanagements klar. Nutzen Sie sie in Zukunft stärker für Ihren eigenen Arbeitsalltag.

- Konzentration auf das Wesentliche

- Reduzierung von Verzettelung

- Unterscheidung zwischen wichtigen und weniger wichtigen Vorgängen

- Entscheidungen über Prioritätensetzung und Delegierung

- Ausschaltung von Vergesslichkeit

- Rationalisierung durch Aufgabenbündelung

- Abbau und Handhabung von Störungen und Unterbrechungen

- Abbau von Stress und Nervenverschleiß

- Gelassenheit bei unvorhergesehenen Ereignissen

- Selbstdisziplin in der Aufgabenerledigung

- Planung des bevorstehenden Tages

- Ordnung des Tagesablaufs

- Überblick und Klarheit über die Tagesanforderungen

- Bessere Einstimmung auf den nächsten Arbeitstag

- Verbesserung der Selbstkontrolle

- Zeitgewinn durch methodisches Arbeiten („Goldene Stunde")

- Erfolgserlebnisse am Tagesende

- Erreichung der Tagesziele

- Höhere Zufriedenheit und Motivation

- Steigerung der Leistungsfähigkeit

(Diese Liste ist dem Taschenguide „Selbstmanagement" von Anita und Klaus Bischof entnommen.)

Was bedeutet diese Einteilung für mich als Teamleiter?

Oft kommt es vor, dass Mitarbeiter zu Ihnen kommen und dringend etwas geklärt haben wollen oder eine Entscheidung von Ihnen benötigen. Sie werden also von außen mit Aufgaben aus dem oberen linken Bereich „zugeschüttet". Jetzt kommt es darauf an, wie Sie reagieren.

Wenn es sich tatsächlich um eine wichtige und dringende Entscheidung oder Aufgabe handelt, ist es klar, dass Sie bei deren Bewältigung helfen. Sie sollten sich aber folgende Fragen stellen:

- Durch welche Maßnahmen aus dem planerischen und vorbeugenden Bereich hätte diese Situation vermieden werden können?

- Was hätten wir anders machen können, damit eine solche Situation erst gar nicht entsteht?

Nun gibt es zwei Möglichkeiten: Diese Situation war nicht vorherzusehen und ist ein ärgerlicher Einzelfall, wie er immer mal wieder vorkommt. Dann brauchen Sie nichts zu verändern. Wenn Sie aber zu der Erkenntnis gelangen, dass derartige Situationen schon häufiger vorgekommen sind, sollten Sie darüber nachdenken, was Sie in der Arbeitsweise und Organisation des Teams anders machen können, um solche Vorkommnisse zu vermeiden.

MASSNAHMEN ZUR FEHLERVERMEIDUNG

Ein Vertriebsarbeiter schildert Ihnen folgende Situation. Er hat einen Auftrag für eine Maschine in einer Speziallackierung übernommen. Bei der Auslieferung stellte der Kunde fest, dass in einer falschen Farbe lackiert wurde. Selbstverständlich regt dieser sich auf und verlangt, dass der Schaden wieder gutgemacht wird. Zu welcher Lösung Sie auch kommen, denken Sie darüber nach, wie es hätte anders laufen können, um eine solche Situation zukünftig zu vermeiden.

Lösungsideen

- Der Kunde wählt eine Farbe aus dem RAL-Fächer und kann vom Außendienst eine Farbprobe bekommen.

- Bevor die Lackierung durchgeführt wird, sollte die Farbauswahl bei der Auftragsbestätigung nochmals abgestimmt werden.

Auch wenn diese Situation eher zu den Arbeiten im Feld der Vorbeugung gehört und damit rechts oben angesiedelt ist, lohnt es sich, Lösungen zu suchen, vor allem wenn diese Fehler öfter auftreten. Handelt es sich um eine einzelne Fehlleistung, genügt zunächst ein Gespräch mit dem verantwortlichen Mitarbeiter.

Der grundsätzliche Unterschied zwischen dringenden und wichtigen Aufgaben besteht darin, dass die dringenden Aufgaben unmittelbar auf Sie einwirken, während die wichtigen Aufgaben darauf warten, dass sie erledigt werden. Wenn Sie sie nicht anpacken, bleiben sie so lange liegen, bis die Konsequenzen sie automatisch zu dringenden Aufgaben gemacht haben. Lösungsorientiert gefragt: „Wie können Sie sich selbst dazu motivieren, sich um die wichtigen Aufgaben zu kümmern?" Denken Sie einmal darüber nach, welche Gefühle Sie mit den dringenden Aufgaben und welche Sie mit den wichtigen Aufgaben verbinden. Zu den dringenden Aufgaben gehören die Gefühle:

- Stress

- Unbehagen

- Erschöpfung

- Überforderung

- Innere Leere

Zu den wichtigen Aufgaben gehören eher positive Gefühle:

- Zuversicht

- Motivation

- Erfüllung

- Sinn

Lassen Sie sich von diesen positiven Gefühlen leiten und entscheiden Sie sich dafür, die wichtigen Aufgaben zuerst anzupacken. Sie können Ihre Aufmerksamkeit auch dadurch auf die wichtigen Dinge lenken, dass Sie, ausgehend von Ihren Zielen, planen, wie Sie diese erreichen wollen. Die konkreten Schritte gehören zu den wichtigen Dingen. Wenn Sie die einzelnen Zwischenziele mit einem Zeitlimit versehen, können Sie sich verdeutlichen, was bis wann erledigt sein muss. Wenn Sie eine Abweichung feststellen, können Sie überprüfen, ob Sie der Dringlichkeitssucht erlegen sind und die wichtigen Aufgaben vernachlässigt haben.

Weiterhin viel Erfolg

Die ersten 100 Tage sind erfolgreich gemeistert. Jetzt stellt sich die Frage: Wie geht es weiter? Wenn Sie die ersten Wochen gut überstanden haben, kommt es nun für Sie darauf an, Ihre anfänglichen Erfolge weiter zu stabilisieren. Wie wird Ihnen dies gelingen? Meine Vorschläge für Sie:

1 Seien Sie sich Ihrer Erfolge bewusst. Häufig ist es so, dass gerade zu Beginn einer neuen Tätigkeit durch Ihre hohe Motivation einiges gut läuft. Machen Sie sich Notizen über Ihre Erfolge! Wenn Sie mal einen Tiefpunkt haben, können Sie diese Aufzeichnungen nutzen, um sich selbst wieder in einen guten Zustand zu bringen. Nutzen Sie für sich die guten Erfahrungen, die Sie mit den Tipps aus dem Buch gemacht haben.

2 Wenn Sie merken, dass etwas nicht so läuft, wie Sie es sich vorstellen, halten Sie kurz inne und überlegen Sie, was Sie hätten anders machen können. Verändern Sie in einer ähnlichen Situation Ihr Verhalten.

3 Vieles läuft in der Führung und in der Teambildung schief, wenn Sie nicht exakt kommunizieren. Lesen Sie sich das Kapitel über die Zielerreichung beziehungsweise über die Zielkriterien noch einmal und wenden Sie die darin beschriebenen Vorgehensweisen konsequent an.

Nach einer Übergangsphase, werden Ihre Fähigkeiten bei der Führung Ihres Teams immer besser werden. Auch für Sie gilt: Stellen Sie sich immer wieder neue Herausforderungen. Suchen Sie nach Situationen in Ihrem beruflichen Alltag, die Sie noch besser oder mit noch weniger Aufwand realisieren könnten, und packen Sie diese an. Sie werden mit Ihren Aufgaben wachsen.

Machen Sie sich Freunde auf gleicher Führungsebene in Ihrem Unternehmen, mit denen Sie sich über Führungssituationen und Konfliktsituationen austauschen können. Hören Sie sich unterschiedliche Meinungen an und kommen Sie dann zu einer Lösung, die Sie konsequent durchführen.

Wenn Sie Fragen haben, können Sie diese gern an mich direkt stellen, am besten per E-Mail an ralph@frenzel-trainining.de. Da ich häufig Trainings gebe, kann es allerdings auch mal zwei bis drei Tage dauern, bis Sie eine Antwort erhalten.

Zum Abschluss habe ich noch eine kleine Geschichte für Sie. Sie spielt im alten Bagdad. Dort lebte ein alter Mann, der so weise war, dass er andere Männer schulte. Einmal hatte er einen jungen Mann in der Lehre, der sehr pfiffig und intelligent, aber auch sehr ehrgeizig war. Dieser Schüler nahm sich vor, eine Frage zu finden, auf die der Meister keine Antwort wüsste. Doch ganz gleich, was er sich ausdachte, der alte Mann wusste immer die Lösung. Nach Jahren hatte der Lehrling eine Idee: Er beschloss, einen Vogel zu fangen, ihn hinter seinem Rücken zu verstecken und dem Meister folgende Frage zu stellen: „Meister, das was ich hinter dem Rücken halte, ist das tot oder lebendig?" Wenn er sagen würde, es sei tot, wollte er den Vogel fliegen lassen, und wenn er sagen würde, es sei lebendig, wollte er den Vogel erdrücken. Gesagt, getan. Der Schüler trat vor seinen Lehrer und fragte: „Meister, das, was ich auf dem Rücken halte, ist das tot oder lebendig?" Der weise Mann überlegte nur kurze Zeit und antwortete: „Egal ob es tot oder lebendig ist, du hast es in deiner Hand!"

In diesem Sinne wünsche ich Ihnen viel Erfolg und alles Gute für Ihre weitere berufliche Entwicklung!

Der 100-Tage-Plan für meine erste Stelle als Chef

IHR 100-TAGE-PLAN ALS CHEF

Tag	Aktivität
Tag 1–7	• Vorstellung bei den Teammitgliedern und bei den Teamleiterkollegen • Positiv-Polung • Erstes Gespräch mit Vorgesetzten • Kennenlernmeeting mit den Teammitgliedern • Gespräch mit den Teammitgliedern • Gespräch mit Teamleiterkollegen
Tag 8–14	• Zielgespräch mit Ihrem Vorgesetzten • Kennenlernen der Aufgabenstellungen und Fähigkeiten der Mitarbeiter • Gemeinsame Zusammenarbeit mit Ihren Mitarbeitern • Feedback geben
Tag 15–21	• Vereinbarung einer Meetingkultur • Planung der Umsetzung von Teamzielen mit den einzelnen Mitarbeitern • Zielgespräche mit den Mitarbeitern
Tag 22–35	• Wenn nötig: Korrektur der Aufgabenstellungen Ihrer Mitarbeiter
Tag 35–50	• Wenn nötig: Änderungen der Zusammenarbeit mit den Nachbarabteilungen
Tag 1–100	Unabhängig von den genannten zeitlich festgelegten Aufgaben und Ereignissen ergeben sich natürlich Aufgaben, die sich entweder sofort oder bei Bedarf stellen oder die als ständig begleitender Prozess bei der Führung mitlaufen. Dazu gehören folgende Maßnahmen:

- Setzen von Zielen
- Lösungsorientiertes Arbeiten
- Konsequente Verfolgung Ihrer Ziele
- Gerechte und freundliche Haltung den Mitarbeitern gegenüber
- Delegieren von Aufgaben
- Beteiligung der Mitarbeiter am Führungsprozess
- Transparenz der Anordnungen
- Repräsentation des eigenen Teams
- Planung der Zielerfüllung mit Ihren Mitarbeitern
- Korrektes Verhalten beim Rückdelegieren
- Gespräche zur Motivation
- Konfliktlösungen
- Teambesprechungen
- Feedback-Gespräche
- Anerkennungsgespräche
- Kritikgespräche
- Abmahngespräche
- Kündigungsgespräche
- Gespräch bei persönlichen Schwierigkeiten von Mitarbeitern
- Bewerbungsgespräche
- Konzeptionelle Planungen

Literatur

Bandler, Richard/Grinder, John: Metasprache und Psychotherapie. 11. Auflage, Paderborn 2005.

Buckingham, Marcus/Coffman, Curt: Erfolgreiche Führung gegen alle Regeln. 3. Auflage, Frankfurt 2005.

Buzan, Tony/North, Vanda: Business Mind Mapping. Frankfurt 2002.

Cameron-Bandler, Leslie/Lebeau, Michael: Die Intelligenz der Gefühle. Grundlagen der „Imperative Self Analysis" I. Paderborn 2005.

Chong, Dennis K./Smith-Chong, Jennifer: Frag nicht warum ... Paderborn 2001.

Coffman, Curt/Gonzales-Molina, Gabriel: Managen nach dem Gallup-Prinzip. Frankfurt 2003.

Covey, Stephen R.: Der Weg zum Wesentlichen. 6. Auflage, Frankfurt 2007.

Dilts, Robert B.: Die Veränderung von Glaubenssystemen. Paderborn 1993.

Dilts, Robert B.: Kommunikation in Gruppen und Teams. Paderborn 2000.

Mentzel, Wolfgang: Mitarbeitergespräche. 4. Auflage, München 2008.

Peters, Thomas J./Waterman, Robert H.: Auf der Suche nach Spitzenleistungen. 9. Auflage, Frankfurt 2003.

Ratelband, Emile: Tsjakkaa! Strategien für Ihren persönlichen Erfolg. Berlin 2002.

Robbins, Anthony: Das Powerprinzip. Grenzenlose Energie. Berlin 2004.

Schulz von Thun, Friedemann: Miteinander Reden 1. Störungen und Klärungen. Hamburg 1981.

Schulz von Thun, Friedemann: Miteinander Reden 2. Stile, Werte und Persönlichkeitsentwicklung. Hamburg 1989.

Seifert, Josef W.: Visualisieren – Präsentieren – Moderieren. Speyer 2007.

Sprenger, Reinhard K.: Das Prinzip Selbstverantwortung. Wege zur Motivation. Frankfurt 2002.

Stöwe, Christian: Mitarbeiterbeurteilung und Zielvereinbarung. 12. Auflage. München 2007.

Ury, William L.: Schwierige Verhandlungen. München 1995.

Stichwortverzeichnis

Der Autor

Ralph Frenzel ist Management- und Verkaufstrainer. Der Autor hat sich darauf spezialisiert, in Unternehmen zu coachen, die Spitzenleistungen erbringen wollen, um ihre hohen Wachstumsziele zu erreichen. Vor seiner Trainertätigkeit war er unter anderem bei verschiedenen Unternehmen des EDV-Business als Verkäufer und Teamleiter tätig.

Seit 15 Jahren beschäftigt er sich mit der Umsetzung der Erkenntnisse aus dem NLP in die tägliche Führungs- und Verkaufspraxis. Er ist Master-Practitioner und Mitglied im Deutschen Verband für Neuro-Linguistisches Programmieren e.V. (DVNLP) und dem Berufsverband der Verkaufsförderer und Trainer e.V. (BDVT). Als Trainer achtet er darauf, dass seine Tipps und Ratschläge direkt in die Praxis umsetzbar sind. Sie können mit Ralph Frenzel direkt Kontakt aufnehmen über: ralph@frenzel-training.de.